Romy Bräutigam

Klonierung der Kodierungssequenz der kleinen Einheit der Methylamin-Dehydrogenase aus Hyphomicrobium zavarzinii ZV 580

GRIN Verlag

Bibliografische Information der Deutschen Nationalbibliothek:

Die Deutsche Bibliothek verzeichnet diese Publikation in der Deutschen Nationalbibliografie; detaillierte bibliografische Daten sind im Internet über http://dnb.d-nb.de/ abrufbar.

Impressum:

Druck und Bindung: Books on Demand GmbH, Norderstedt Germany
ISBN: 978-3-640-80233-3

Dieses Buch bei GRIN:

http://www.grin.com/de/e-book/164869/klonierung-der-kodierungssequenz-der-kleinen-einheit-der-methylamin-dehydrogenase

Klonierung der Kodierungssequenz der kleinen Einheit der Methylamin-Dehydrogenase aus *Hyphomicrobium zavarzinii* ZV 580

Bachelorarbeit am Lehrstuhl für Bioprozesstechnik der Universität Bayreuth im Sommersemester 2009

vorgelegt von Romy Bräutigam

Zusammenfassung

Der Organismus *Hyphomicrobium zavarzinii* ZV580 ist ein gram-negatives, methylotrophes Bakterium, welches ubiquitär verbreitet ist und nach wie vor großes Forschungspotential bietet, da viele Stoffwechselwege und die daran beteiligten Enzyme bis jetzt nicht vollständig aufgeklärt worden sind. Neben einer bereits bekannten NAD^+-unabhängigen, hochspezifischen Formaldehyd-Dehydrogenase besitzt es zudem eine Methylamin-Dehydrogenase. Dehydrogenasen katalysieren zahlreiche Reaktionen und sind auch in der Technik vielseitig einsetzbar, wie beispielsweise in elektrochemischen Biosensoren, die aufgrund ihrer umweltschonenden Arbeitsweise zunehmend an Aufmerksamkeit gewinnen. Die Methylamin-Dehydrogenase, welche für den Organismus *Hyphomicrobium zavarzinii* ZV580 beschrieben wurde, ist ein lösliches Quinoprotein, das die Umwandlung von Methylamin zu Formaldehyd katalysiert. Es setzt sich aus zwei Untereinheiten zusammen und besitzt den chinoiden Co-Faktor TTQ (Tryptohan Tryptophylquinon). Möglicherweise handelt es sich bei dem Enzym um eine der seltenen α, β-Methylamin-Dehydrogenasen. Wie alle Enzyme katalysiert auch die Methylamin-Dehydrogenase bei umkehrbaren Reaktionen die Gegenreaktion, in diesem Fall die Reduktion von Formaldehyd zu Methylamin. Dies macht sie zu einem potentiellen Kandidaten als Katalysator in einem Biosensor. Im Rahmen dieser Arbeit wurde ein Teil der kleinen Untereinheit der Methylamin-Dehydrogenase aus *Hyphomicrobium zavarzinii* ZV580 kloniert um dadurch einen Ansatzpunkt für weiterreichende Aufklärungen der vollständigen Sequenz und somit auch regulatorischer Elemente für eine Expression zu schaffen. Für die Klonierung wurden drei verschiedene Primer-Paare, welche aus der N-Sequenzierung der bereits isolierten kleinen Einheit der Methylamin-Dehydrogenase M58001 aus dem Organismus *Thiobacillus versutus* hervorgegangen sind, bei unterschiedlichen Temperaturen mit einem Matrizenstrang hybridisiert. Dabei erhielten die PCR-Produkte einen Adenosin-Überhang und konnten anschließend in einen Vektor, welcher komplementäre Thymidin-Überhänge aufwies, ligiert und in kompetente *E.coli* Zellen transformiert werden. Nach der Isolierung und anschließenden Sequenzierung der erhaltenen Plasmid-DNA war es möglich eine 64 Aminosäuren umfassende Sequenz zu erhalten, welche eine Homologie von 93 % zu der Sequenz bereits isolierter und kristallisierter Untereinheiten der Methylamin-Dehydrogenase zeigt. Somit konnte im Rahmen dieser Arbeit gezeigt werden, dass es sich bei dem Enzym mit hoher Wahrscheinlichkeit um eine kleine Untereinheit der Methylamin-Dehydrogenase handelt.

Summary

The organism *Hyphomicrobium zavarzinii* ZV580 is a gram-negative, methylotrophe bacterium which is spread ubiquitary and still contains lots of potential for research because many ways of metabolism and participating enzymes are not explained completely. Beside a common NAD^+-independent highly specified formaldehyde dehydrogenase it also owns a methylamine dehydrogenase. Dehydrogenases catalyse numerous reactions and are useful in many ways, electrochemical biosensors for example which gain growing attention because of their environmentally friendly functionings. The methylamine dehydrogenase which was described for the organism *Hyphomicrobium zavarzinii* ZV580 is a soluble quinoprotein that changes methylamine to formaldehyde through catalyses. It consists of 2 subunits and contains the chinoide cofaktor TTQ (tryptophan tryptophylquinone). Maybe the enzyme is one of the rare α,β-methylamine dehydrogenases. Like all enzymes methylamine dehydrogenases catalyse the reverse reaction during reversible reactions - in this case the reduction from formaldehyde to methylamine. This makes her a potential candidate for a catalyst in a biosensor. Within this work one part of the small subunit of methylamine dehydrogenase of *Hyphomicrobium zavarzinii* ZV580 was cloned in order to produce a starting point for further education on the complete sequence and therefore also find out regulatory elements for an expression. For cloning 3 different primerpairs, which came from the N-sequencing of the already isolated small unit of methylamine dehydrogenase M58001 from the organism *Thiobacillus versutus,* were hybridised with a template at different temperatures. At the same time the PCR-products got an adenosine overhang and could be ligated into a vector which showed complementary thymidine overhangs and were also transferred into competent *E.coli* cells. After isolation and the following sequencing of the received plasmid-DNA it was possible to get a sequence of 64 aminoacids which showed up a homology of 93 % of the sequence of already isolated and crystallized subunits of methylamine dehydrogenases. Therefore this work was able to show that the enzyme is with a high possibility one subunit of methylamine dehydrogenase.

Inhaltsverzeichnis

Abbildungsverzeichnis

Tabellenverzeichnis

Abkürzungsverzeichnis

Abb.	Abbildung
ATP	Adenosintriphosphat
bp	Basenpaare
cfu	*colony forming unit*
DNA	Desoxyribonukleinsäure
ds DNA	*double stranded* Desoxyribonukleinsäure
E. coli	*Escherichia coli*
EDTA	N, N, N', N'-Ethylendiamintetraacetat
GD	genomische DNA
IPTG	Isopropyl-β-D-thiogalactosid
NADP	Nicotinamidadenindinukleotidphosphat
OD	Optische Dichte
PCR	Polymerase-Ketten-Reaktion
rpm	*rounds per minute*
SDS	Natriumdodecylsulfat
TTQ	Tryptohan Tryptophylquinon
X-Gal	5-bromo-4-chloro-3-indolyl-β-D-galactopyranoside

1. Einleitung

Die Isolation komplexer Enzyme, vor allem derer, die kovalent gebundene Co-Faktoren benötigen, stellt eine große Herausforderung dar. Ebenso ist die rekombinante Expression oft sehr schwierig. In solchen Fällen, und so auch bei der Methylamin-Dehydrogenase, gibt es oft nur die Möglichkeit, diese direkt aus den nativ produzierenden Organismen zu isolieren. In der vorliegenden Arbeit handelt es sich dabei um den Organismus *Hyphomicrobium zavarzinii* ZV580. Die Eigenschaften des Organismus und des Enzyms sollen im Folgenden genauer betrachtet werden.

1.1. *Hyphomicrobium zavarzinii* ZV580

Hyphomicrobium zavarzinii ZV580 ist ein gram-negatives Bakterium, welches erstmals 1955 von Dr. G. A. Zavarzin beschrieben wurde [1, 25]. Die systematische Einordnung ist in Tabelle 1 dargestellt.

Tabelle 1: Systematische Einordnung von Hyphomicrobium

Domäne	Bacteria
Stamm	Proteobacteria
Klasse	α-Proteobacteria
Ordnung	Rhizobiales
Familie	Hyphomicrobiaceae
Gattung	Hyphomicrobium

Hyphomikrobien sind ubiquitär verbreitet und werden an allen aquatischen und terrestrischen Standorten gefunden. Das methylotrophe Bakterium zeichnet sich durch ein langsames Wachstum aus. Es weist drei morphologisch verschiedene Entwicklungsstadien auf [2]. Zunächst entsteht eine begeißelte Schwärmerzelle, welche nach dem Verlust der Geißel zu einer Mutterzelle (0,63 x 1,8 µm) mit Hyphe wird. An der unseptierten Hyphe entwickeln sich dann terminal durch einen Knospungsprozess die Tochterzellen. Die neu entstandenen Schwärmerzellen lagern sich oft zu einer Rosette zusammen und können sich so an Oberflächen anheften (Abb. 1) [24].

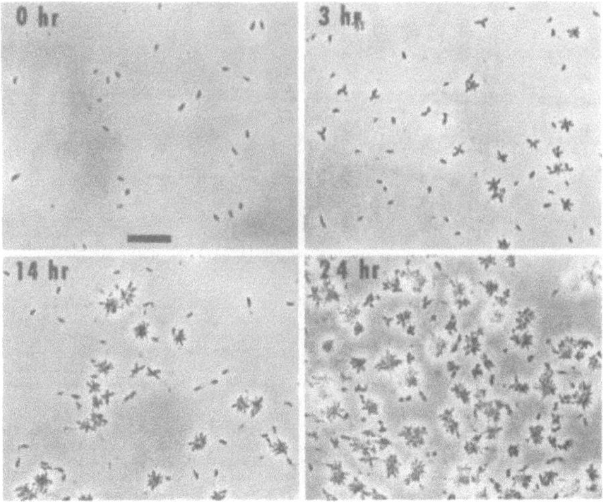

Abbildung 1: Lichtmikroskopische Aufnahme von *Hyphomicrobium zavarzinii* ZV580
Dargestellt sind Schwärmerzellen zu verschiedenen Zeiten während der Rosettenbildung [2].

Als methylotrophes Bakterium ist Hyphomicrobium in der Lage C_1-Verbindungen wie Methan, Methanol, Methylamin und Formiat zu verwerten. Ihm fehlt das Enzym Pyruvat-Dehydrogenase. Daher ist es nicht fähig Pyruvat in Acetyl-CoA umzuwandeln und somit die Energie aus Kohlenstoffverbindungen mit 3 oder mehr Kohlenstoffatomen zu nutzen [3]. In neueren Untersuchungen [4] stellte man fest, dass *Hyphomicrobium zavarzinii* ZV580 beim Wachstum auf Methylamin als Kohlenstoffquelle neben der bereits bekannten NAD^+-unabhängigen, hochspezifischen Formaldehyd-Dehydrogenase auch eine Methylamin-Dehydrogenase aufweist, welche die Umwandlung von Methylamin zu Formaldehyd katalysiert.
Hyphomikrobien kommt eine besondere Bedeutung bei der Aufreinigung von Trinkwasser zu, da sie in der Lage sind Nitrate aus diesem zu entfernen [5]. Des Weiteren werden einige spezielle Hyphomicrobium-Stämme in Biosensoren für die Detektion von Methanol, Methylsulfaten und Trimethylaminen eingesetzt [6].

1.2. *Dehydrogenasen*

Enzyme sind natürliche Katalysatoren biologischer Systeme. Sie ermöglichen Reaktionsabläufe bei niedrigen Temperaturen und beschleunigen diese ohne dabei selbst verbraucht zu werden. Dabei beruht das Wirkungsprinzip nicht auf der Verschiebung des Reaktionsgleichgewichtes sondern lediglich auf der Herabsenkung der Aktivierungsenergie.

Oftmals kann dieser Effekt durch die Ausbildung eines entatischen Zustandes im Enzym-Substrat-Komplex erklärt werden. Enzyme haben wichtige Funktionen im Stoffwechsel aller lebenden Organismen und führen dazu, dass viele Reaktionen überhaupt erst in einem biologisch sinnvollen Ausmaß ablaufen können. Sie sind im Bezug auf die katalysierte Reaktion und die Wahl des Reaktionsteilnehmers, dem Substrat, hochspezifisch. Je nach der von ihnen katalysierten Reaktion werden sie in verschiedene Klassen eingeteilt [7]. Transferasen übertragen funktionelle Gruppen von einem Substrat auf ein anderes. Hydrolasen hingegen spalten Bindungen unter Aufwendung von Wasser. Die Lyasen bilden die vierte Gruppe der Enzymklassen. Sie katalysieren die Spaltung oder Synthese komplexer Produkte und bilden Doppelbindungen durch Hinzufügen oder Entfernen von Gruppen. Isomerasen beschleunigen intramolekulare Gruppenübertragungen und Ligasen katalysieren die Verbindung zweier Substrate unter ATP-Hydrolyse. Die sechste und letzte Gruppe der Enzymhauptklassen bilden die Oxidoreduktasen. Sie katalysieren Redoxreaktionen [8] und werden wiederum eingeteilt in Monooxygenasen, Dioxygenasen, Oxydasen, Reduktasen, Peroxygenasen und die Dehydrogenasen. Die Gruppe der Dehydrogenasen soll etwas näher betrachtet werden. Allgemein kann man Dehydrogenasen in solche unterteilen, die für die Oxidation von Enzymsubstraten NAD(P)H als Elektronenakzeptor benötigen [9] und solche, die unabhängig von derartigen Co-Faktoren sind [10]. Bei den Pyridinnukleotid-abhängigen Dehydrogenasen werden zwei Elektronen und ein Proton in Form eines Hybrid-Ions (H^-) auf das C-4 Atom von NAD^+ bzw. $NADP^+$ übertragen, welches daraufhin in seine reduzierte Form übergeht. Diese sind essentiell für zahlreiche Abbauprozesse (NAD^+) sowie Biosynthesen ($NADP^+$). Einen weiteren Co-Faktor stellen die Flavine dar. Sie können 2 e^-- und 1 e^-- Redoxreaktionen katalysieren und dadurch mit O_2 reagieren. Zu den NAD(P)H-unabhängigen Dehydrogenasen zählen die so genannten farbgebundenen Dehydrogenasen. Aus dem Organismus *Hyphomicrobium zavarzinii* ZV580 konnte eine Formaldehyd-Dehydrogenase isoliert werden, welche die Bildung von Formaldehyd ohne Anwesenheit von NAD(P)H katalysiert [11, 23]. Das als Tetramer beschriebene Enzym besitzt einen kovalent gebundenen Quinon-Co-Faktor, welcher bisher nicht genau definiert wurde. Jedoch weiß man bereits, dass er zu den B-Vitaminen gezählt werden kann.

Oft handelt es sich bei den Dehydrogenasen um so genannte Metalloenzyme [12]. Diese Enzyme koordinieren durch spezifische Aminosäurereste Metallionen, die für den Reaktionsablauf essentiell sind. Ein Beispiel für ein Metalloenzym ist die Alkohol-Dehydrogenase, welche zwei Zinkionen pro Untereinheit besitzt. Von den zahlreichen Dehydrogenasen soll nun die Methylamin-Dehydrogenase genauer betrachtet werden.

1.2.1. Methylamin-Dehydrogenase

Die Methylamin-Dehydrogenase, auch bekannt als Amin-Dehydrogenase, ist ein lösliches Quinoprotein, welches die oxidative Desaminierung von primären Aminen zu Aldehyden und Ammonium, wie zum Beispiel die Umwandlung von Methylamin zu Formaldehyd, katalysiert [13, 21]. Das Enzym besitzt den chinoiden Co-Faktor TTQ (Tryptohan Tryptophylquinon, Abb. 2), welcher in der Enzym-Matrix über eine Amin-Bindung kovalent an das Protein gebunden ist [13, 26].

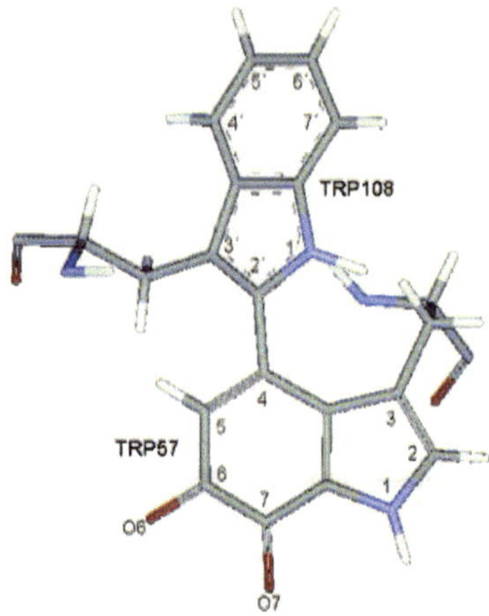

Abbildung 2: Co-Faktor TTQ der Methylamin-Dehydrogenase [13]

Die Methylamin-Dehydrogenase ist ein hetero-Tetramer und weist in ihrer nativen Form eine $\alpha_2\beta_2$-Struktur mit einer großen α - Untereinheit (40 – 48kDa) auf, welche weder organische noch anorganische Co-Faktoren besitzt, und einer kleinen β-Untereinheit (8-16 kDa), welche die prosthetische Gruppe TTQ beinhaltet [14]. Der katalytische Mechanismus kann in eine reduktive und eine oxidative Reaktion unterteilt werden [13]. Im reduktiven Teil (Abb. 3) greift Methylamin das C-6 Quinon-Kohlenstoffatom des Co-Faktors TTQ an, wobei über ein Carbinol-Intermediat eine Iminoquinon-Spezies gebildet wird. In der zweiten, oxidativen Teilreaktion werden dann zwei Elektronen auf einen Elektronenakzeptor, beispielsweise das blaue Kupferprotein Amicyanin, welches Elektronen zu löslichen periplasmatischen Cytochromen vom Typ C transportiert [15], übertragen und die Methylamin-Dehydrogenase geht wieder in ihre oxidierte Quinon-Form über [13].

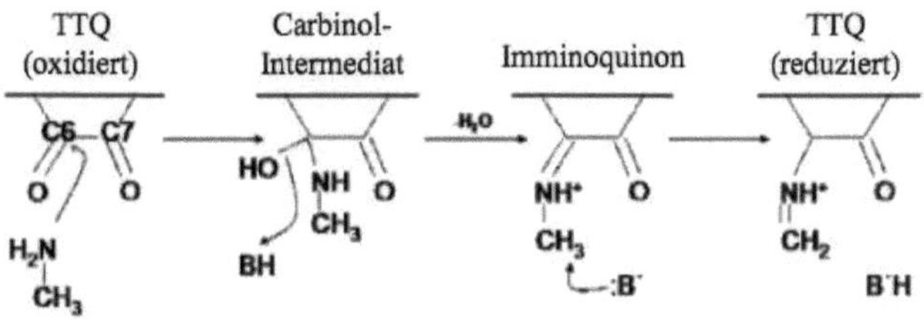

Abbildung 3: Mechanismus der Teil-Reaktion I; B: Base
(nach Pierdominici-Sottile et al.)

Bisher konnten drei klonierte Fragmente der Methylamin-Dehydrogenase, welche die Gene für die kleine und große Untereinheit beinhalten, identifiziert, sequenziert und kristallisiert werden. Bei den jeweiligen Organismen handelt es sich um *Paracoccus denitrificans*, *Methylobacterium extorquens* AM1 und *Thiobacillus versutus*. Bei der Methylamin-Dehydrogenase aus *Paracoccus denitrificans* und *Methylobacterium extorquens* AM1 war es möglich den offenen Leserahmen sowohl für die kleine und große Untereinheit als auch den Elektronenakzeptor Amicyanin zu identifizieren [15, 16]. Bei *Thiobacillus versutus* konnten die Gene, welche für die kleine β-Untereinheit und Amicyanin kodieren, kloniert und sequenziert werden [17]. Das unreife Signalpeptid von *Paracoccus denitrificans* zeigt eine Homologie von 81 % mit der Sequenz des aus *Methylobacterium extorquens* AM1 beschriebenen Peptides. Bei dem reifen Peptid konnte eine Übereinstimmung von 87 % festgestellt werden [15]. Es konnte zudem die Lokalisierung des TTQ-Co-Faktors in der kleinen Untereinheit aller Organismen nachgewiesen werden [15]. In der Sequenz für die große Untereinheit der Methylamin-Dehydrogenase aus *Paracoccus denitrificans* kodiert der offene Leserahmen ein 417 Aminosäuren umfassendes, periplasmatisches Polypeptid. Diese stimmt nur teilweise mit der Sequenz der großen Untereinheit der Methylamin-Dehydrogenase aus *Thiobacillus versutus* überein. Man kann daher sagen, dass die kleinen Untereinheiten der Methylamin-Dehydrogenasen bei vielen Bakterien sehr ähnlich sind, die großen Untereinheiten jedoch größere Unterschiede aufweisen [15]. Daher ist es möglich die kleinen Untereinheiten miteinander zu vergleichen. Für die vorliegende Arbeit ist dies insofern von Bedeutung, dass die aus der Klonierung hervorgehenden Fragmente und die zugehörigen Sequenzen mit den Sequenzen der bekannten kleinen Untereinheiten der Methylamin-Dehydrogenasen auf Homologie überprüft werden können.

1.2.2. Anwendung

Dehydrogenasen sind interessante Kandidaten für die Entwicklung elektrochemischer Biosensoren. Dies sind Messinstrumente, welche in sich geschlossen sind und beispielsweise in Bioreaktoren eingebaut werden um dort unter anderem die Sauerstoffkonzentration mittels einer pO_2-Elektrode zu überwachen. Dabei erkennt ein immobilisiertes, biologisch aktives System (Enzym, Mikroorganismus, DNA) eine biologische Reaktion und übermittelt diese an einen Transduktor, welcher die Information dann über einen Verstärker in ein elektrisch verwertbares Signal umwandelt [18]. Da es sich bei dem Biosensor um ein reagenzfreies Messverfahren handelt bei dem keine giftigen Abfälle entstehen, ist er besonders umweltschonend. Biosensoren zeichnen sich zudem durch eine einfache Probenaufbereitung, gute Selektivität und hohe Sensitivität aus[18]. Weitere Anwendungen von Biosensoren sind beispielsweise die Überprüfung von Trinkwasser auf Giftstoffe oder das Messen des Blutzuckerspiegels [19].

1.3. *Zielsetzung*

Ziel der vorliegenden Arbeit ist es, die Kodierungssequenz der kleinen Untereinheit der Methylamin-Dehydrogenase aus *Hyphomicrobium zavarzinii* ZV580 mit Hilfe einer Polymerase-Ketten-Reaktion (PCR) über Primer-Homologie zu klonieren. Hierfür wurden degenerierte Primer aus der N-Sequenzierung des bereits aufgereinigten Proteins aus *Thiobacillus versutus* (M58001) ausgewählt und von der Firma MWG Operon synthetisiert. Nach einer Hybridisierung mit der aus *Hyphomicrobium zavarzinii* ZV580 aufgereinigten genomischen DNA bei unterschiedlichen Temperaturen sollen die DNA-Fragmente in einen Vektor ligiert, dieser in kompetente *E. coli* Zellen transformiert und die Plasmid-DNA anschließend sequenziert werden. Es soll somit die Grundlage für spätere Untersuchungen der Sequenz geschaffen werden, wie etwa die Suche nach der Position des Promoters, mit dem Ziel, das Enzym rekombinant zu exprimieren und später als Katalysator in einem Biosensor für die Reduktion von Formaldehyd zu Methylamin einzusetzen.

2. Material und Methoden

2.1. *Materialien*

2.1.1. Geräte

Biofuge *pico*	Heraeus, Kendro Laboratory Products, Osterode
Sorvall® Evolution RC	Kendro Laboratory Products, Osterode
HERAEUS Multifuge 3 L-R	Thermo Electro Corporation, Hamburg
Life Science UV/Vis Spectrophotometer DU®530	Beckmann Coulter GmbH, Krefeld
MP220 pH-Meter	Mettler-Toledo GmbH, Urdorf (CH)
KühlThermoMixer	Haep Labor Consult, Bovenden KTMR-133
Horizontalelektrophoresekammer für Agarosegele Typ E-H1, E-H2	Febikon Labortechnik GmbH, Wermelskirchen
Wärmethermostat A 112T	Lauda DR.R. Wobser GmbH&Co.KG, Lauda-Königshofen
Forma Orbital Shaker	Thermo Electro Corporation, Hamburg
Robocycler Gradient 96	Stratagene, La Jolla (USA)
PxE0.5 Thermal Cycler	Thermo Electro Corporation, Hamburg
Waage BP2100S	Sartorius AG, Göttingen
Millipore-Anlage	Millipore, Billerica (USA) Synergy 185
Tischautoklav Systec 3850 EL	Renggli, Schweiz
Eppendorf Research®, 0,5 - 10µl	Eppendorf AG, Hamburg
Transferpette®, 100-1000µl; 20-200µl	Brand GmbH + Co KG, Wertheim
Pipetus®	Hirschmann Laborgeräte
Inkubationsrad SB2 Rotator	Stuart Science Equipment, USA
MS2 Minishaker	IKA® Werke GmbH & Co. KG, Staufen

2.1.2. Chemikalien

Chemikalie	Hersteller
Agarose	Bioline, Luckenwalde
Ampicillin	Carl Roth GmbH&Co.KG, Karlsruhe
Borsäure	Grüssing GmbH Analytika, Filsum
Bromphenolblau-Natriumsalz	Acros Organics, Geel (Belgien)
Calciumchlorid-Hexahydrat	Merck KGaA, Darmstadt
$Na_2EDTA \cdot 2\ H_2O$	Carl Roth GmbH&Co.KG, Karlsruhe
Ethidiumbromid	
D(+)-Glucose-Monohydrat	Merck KGaA, Darmstadt
1x DNA Polymerase Thermopol buffer	New England Biolabs Inc., Frankfurt a.M.
dNTP-Mix, 2,5 mM each	Bioline, Luckenwalde
Essigsäure	Merck KGaA, Darmstadt
Ethanol	VWR™, Briare (Frankreich)
Glycerol	
Hefeextrakt	Carl Roth GmbH&Co.KG, Karlsruhe
IPTG	Carl Roth GmbH&Co.KG, Karlsruhe
Kaliumacetat	Merck KGaA, Darmstadt
Kaliumchlorid	
LB-Agar	Carl Roth GmbH&Co.KG, Karlsruhe
Magnesiumchlorid-Hexahydrat	Merck KGaA, Darmstadt
Magnesiumsulfat-Heptahydrat	
Mangan(II)-chlorid Tetrahydrat	
Natriumacetat	
Natriumchlorid	Fisher Scientific, Loughborough (UK)
Natriumhydroxid	Merck KGaA, Darmstadt
Pepton aus Casein	Carl Roth GmbH&Co.KG, Karlsruhe
Rubidiumchlorid	Merck KGaA, Darmstadt
Standards: Hyper Ladder I	Bioline, Luckenwalde
Tissue Culture Water	Sigma-Aldrich Chemie, Steinheim
Tris	Carl Roth GmbH&Co.KG, Karlsruhe
X-Gal	Promega, Madison (USA)

2.1.3. Puffer und Lösungen

0,5 M EDTA (pH 8,0):

0,5 M	$Na_2EDTA \cdot 2\ H_2O$

mit NaOH auf pH 8,0 einstellen

5x TBE-Puffer:

445 mM	Tris
10 mM	EDTA
445 mM	Borsäure

1x TE-Puffer:

10 mM	Tris (pH 8,0)
1 mM	EDTA (pH 8,0)

Alle Puffer wurden vor der Verwendung autoklaviert.

5x Ladepuffer für Native PAGE:

15,5 ml	1 M Tris-HCl pH 6,8
2,5 ml	1 % Bromphenolblaulösung
7 ml	Millipore-Wasser
25 ml	Glycerol

2.1.4. Medien

LB-Agar:

10 g/l	Trypton
5 g/l	Hefeextrakt
10 g/l	Natriumchlorid
15 g/l	Agar

Nach Bedarf wurde der Agar auf ca. 50°C abgekühlt und 100 µg/ml Ampicillin, 0,5 mM IPTG bzw. 80 µg/ml X-Gal zugesetzt.

LB-Medium:

2 g/l	Hefeextrakt
4 g/l	Pepton
4 g/l	NaCl

SOC-Medium:

20 g/l	Pepton
5 g/l	Hefeextrakt
0,5 g/l	Natriumchlorid

250 mM KCl-Lösung zugeben,
mit 5 N NaOH auf pH 7.0 einstellen,
kurz vor Gebrauch 5 ml einer sterilen 2 M $MgCl_2$-Lösung und 20 ml einer sterilen 1 M Glucose-Lösung zugeben.

SOB-Medium:

20 g	Pepton
5 g	Hefeextrakt
0,5 g	Natriumchlorid

mit 950 ml Millipore-Wasser auffüllen,
10 ml einer 250 mM KCl-Lösung zugeben,
mit 5 N NaOH auf pH 7.0 einstellen,
mit Millipore-Wasser auf 1000 ml auffüllen,
kurz vor Gebrauch 5 ml einer sterilen 2 M $MgCl_2$-Lösung zugeben.

Alle Medien wurden vor der Verwendung autoklaviert.

2.1.5. Verbrauchsmaterialien

2.1.5.1. Nukleinsäuren

genomische DNA: Aus *Hyphomicrobium zavarzinii* ZV580 aufgereinigt und zur Verfügung gestellt von Marco Nickels.

Tabelle 2: Konzentration und Reinheit der verwendeten genomischen DNA

Name	Konzentration	Reinheit (A_{260}/A_{280})
GD1	75ng/µl	1,86
GD24	85ng/µl	1,97
GD25	69ng/µl	1,85

Plasmide: pUC18 Kontrollplasmid (0.1 ng/µl in TE-Puffer), GenBank/EMBL *accession number* L09136 (Vektorkarte siehe Anhang 6.1.)

Primer:

Die Primer wurden ausgewählt und zur Verfügung gestellt von Frau Dr. Valérie Jérôme. Die Synthese erfolgte durch die Firma MWG Operon.

Tabelle 3: Primer

Verwendung	Primer mit Sequenz	GC-Gehalt (%)	Basis Tm (°C)	Position auf M58001 (bp)
Klonierung	fMetDH3 (5′-CGC GTC AGC CGC GCC AAT GCC-3′)	81	64	321 – 340
	fMetDH4 (5′-ATG CTG GGG AAT TTC AGA TTT GAC GA-3′)	42	56	171 – 196
	fMetDH6 (5′-CAA AGC TAC CTG ATC GCC TAT CGC GAC T-3′)	54	63	543 – 570
	rMetDH2 (5′-CGA CAT CAT CTG GTG CTT CGG C-3′)	59	59	653 - 674
	rMetDH4 (5′-ATC GTC GGC AAG GCA AGC TGA-3′)	42	56	717 - 737
positiv Kontrolle	fo16S (5′-GAA CGC TGG CGG CAG GCC TAA CAC A-3′)	64	64	—
	re16S (5′-TAC GGC TAC CTT GTT ACG ACT TCA CA-3′)	46	58	—
Sequenzierung	T7 Promotor (Cat. # Q5021) (5′-TAA TAC GAC TCA CTA TAG GG-3′)	40	56	—

Angegeben sind die Verwendung, die Sequenz, der prozentuale GC-Gehalt und die Schmelztemperatur (Basis Tm) der für die Klonierung eingesetzten Primer sowie die jeweilige Position auf der Sequenz der kleinen Untereinheit der Methylamin-Dehydrogenase (M58001) aus *Thiobacillus versutus.*

2.1.5.2.Enzyme

- Ribonuklease A	Carl Roth GmbH&Co.KG, Karlsruhe
- Taq-DNA-Polymerase Thermopol (5 U/µl)	New England Biolabs Inc., Frankfurt a.M.
- BstZI	Promega, Madison (USA)
- Puffer D (BstZI)	Promega, Madison (USA)

2.1.5.3.Kits

- *Wizard® SV Gel and PCR Clean-Up System*	Promega, Madison (USA)
- *pGEM®-T Vector System I*	Promega, Madison (USA)

2.1.5.4.Einmalartikel

- Standard Reaktionsgefäß, 1,5ml	Eppendorf AG, Hamburg
- *Safe-Lock* Reaktionsgefäß, 2ml	Eppendorf AG, Hamburg
- 0,5 ml PCR Gefäß	Eppendorf AG, Hamburg
- PP-Röhrchen 15 ml, 50 ml	Greiner Bio-One GmbH, Frickenhausen
- Halbmikro-Küvette, 1,5 ml	Brand GmbH, Wertheim

2.1.5.5. Bakterienstämme

- *Hyphomicrobium zavarzinii* ZV580: Genotyp: Wildtyp, *accession number*: IFAM ZV-580, *EMBL accession number*: Y14306

Zur Klonierung der Kodierungssequenz der kleinen Untereinheit der Methylamin-Dehydrogenase aus *Hyphomicrobium zavarzinii* ZV580 wurden JM109 kompetente Zellen und XL10-Gold® Ultrakompetente Zellen (Stratagene, La Jolla (USA)) benutzt.

- *E.coli* JM109: Genotyp: *rec*A1, *end*A1, *gyr*A96, *thi*, *hsd*R17 (rK-,mK+), *rel*A1, *sup*E44, Δ(*lac-pro*AB), [F′, *tra*D36, *pro*AB, *lac*I^{q}ZΔM15]

- XL10-Gold® Ultrakompetente Zellen: TetrD(*mcrA)183* D(*mcrCB-hsdSMR-mrr)173 endA1 supE44 thi-1 recA1 gyrA96 relA1 lac* Hte [FÅL *proAB lacIq*Z*DM15* Tn*10* (Tetr) Amy Camr]

2.2. Methoden

2.2.1. Mikrobiologische Methoden

2.2.1.1. Kultivierung von *Escherichia coli*

Um den *E. coli* - Stamm JM109 für die folgenden Versuche zu kultivieren, wurden zunächst als Glycerolstocks konservierte Zellen auf einer LB-Platte mittels 3-Strich-Verfahren ausgestrichen, über Nacht bei 37 °C inkubiert und mit den daraus hervorgegangenen Einzelkolonien die benötigten Kulturen angeimpft. Die Platte wurde anschließend bei 4 °C gelagert.

2.2.1.2. Cryokonservierung

Für die Langzeitkonservierung der Zellen wurden Vorkulturen hergestellt. Hierfür wurde eine Einzelkolonie der LB-Platte in 15 ml LB-Medium überführt und über Nacht bei 37 °C und 180 rpm auf dem Schüttler inkubiert. Am Folgetag wurden 15 ml LB-Medium mit 1 % (v/v) der Vorkultur angeimpft, auf dem Schüttler bei 180 rpm inkubiert und bei einer OD_{600} = 0,6 die Inkubation gestoppt. Je 800 µl der Zellsuspension wurden mit 200 µl sterilem Glycerin (70 % (v/v)) versetzt und nach einer 10-minütigen Abkühlungsphase auf Eis bei -80 °C tiefgefroren. Im Bedarfsfall wurden die Bakterien sehr schnell aufgetaut und dann mit einer Impföse eine Flüssigkultur bzw. eine Agarplatte angeimpft.

2.2.1.3.Herstellung chemisch kompetenter *E.coli* JM109

TfbI-Lösung:

25 mM	Natriumacetat
580 mM	Rubidiumchlorid
10 mM	$CaCl_2$
50 mM	$MnCl_2$
15 % (v/v)	Glycerin (pH 5.8)

TfbII-Lösung:

10 mM	Tris
10 mM	Rubidiumchlorid
10 mM	$CaCl_2$
15 % (v/v)	Glycerin (pH 6.5)

Zur Klonierung der Kodierungssequenz der Methylamin-Dehydrogenase aus *Hyphomicrobium zavarzinii* ZV580 mussten zunächst kompetente Zellen hergestellt werden. Hierfür wurde der *E. coli* - Stamm JM109 verwendet und von diesem zunächst eine Vorkultur angesetzt, wobei eine Einzelkolonie von einer LB-Platte in 15 ml LB-Medium überführt und über Nacht bei

37 °C und 180 rpm auf dem Schüttler inkubiert wurde. Am nächsten Tag wurden 250 ml LB-Medium mit 1 % (v/v) dieser Vorkultur angeimpft und bis zu einer $OD_{600} = 0{,}8$ kultiviert. Danach wurden die Zellen 15 min lang auf Eis inkubiert und anschließend 20 min lang bei 4000 *g* und 4 °C zentrifugiert. Das Zellpellet wurde in 100 ml eiskalter TfbI-Lösung resuspendiert und 15 min lang auf Eis inkubiert. Nach einer weiteren Zentrifugation (20min, 4000 *g*, 4 °C) wurde das Pellet in 10 ml eiskalter TfbII-Lösung resuspendiert und wiederum 15 min lang auf Eis inkubiert. Die Zellen wurden zu je 100 µl aliquotiert, sofort in flüssigem Stickstoff eingefroren und bis zur weiteren Verwendung bei -80 °C gelagert.

2.2.1.4. Kompetenztest der chemisch kompetenten *E.coli* JM109

Um die chemisch kompetenten Zellen auf ihre Transformationseffizienz zu testen, wurden sie mit dem Kontrollplasmid pUC18 (siehe 2.1.5.3.) transformiert.
Hierfür wurden die kompetenten Zellen im Eisbad langsam aufgetaut und 100 µl in ein 1,5 ml Reaktionsgefäß gegeben. Von dem Kontrollplasmid wurden anschließend 1 ng, 10 ng bzw. 100 ng zugegeben und jeder Ansatz 20 min lang auf Eis inkubiert. Danach erfolgte ein Hitzeschock 50 s lang bei 42 °C im Wasserbad. Anschließend wurden die Zellen 2 min auf Eis abgekühlt und 900 µl SOC-Medium zugegeben. Der Ansatz wurde 1,5 h lang bei 37 °C im Inkubationsrad inkubiert, danach kurz zentrifugiert, der Überstand bis auf 100 µl verworfen und das Pellet in dem verbleibenden Medium resuspendiert. Die 100 µl wurden auf einer LB-Agar-Platte ausplattiert und diese über Nacht bei 37 °C inkubiert. Am nächsten Tag wurden die Kolonien ausgezählt und mit Hilfe der Formel (1) die Transformationseffizienz berechnet.

$$\text{Transformationseffizienz} = \frac{\text{Anzahl der Transformanden}}{\mu\text{g Plasmid-DNA}} \qquad (1)$$

2.2.2. Molekularbiologische Methoden

2.2.2.1. Polymerase-Ketten-Reaktion (PCR)

Mit Hilfe einer PCR wurde die Sequenz zwischen den Primern amplifiziert, mit dem Ziel, genauere Informationen über die Kodierungssequenz der kleinen Untereinheit der Methylamin-Dehydrogenase zu erhalten. Für jeden PCR-Ansatz wurde ein Master-Mix vorbereitet, welcher 70 ng genomische DNA von *Hyphomicrobium zavarzinii* ZV 580 (siehe 2.1.5.1.), je 1 µM vorwärts und rückwärts Primer (siehe 2.1.5.1.) und 2 U Taq DNA Polymerase Thermopol enthielt. Des Weiteren wurden 200 µM dNTP-Mix und 5 µl DNA Polymerase Thermopol Puffer zugegeben und der Ansatz mit Wasser (*Tissue Culture Water*) bis zu einem Gesamtvolumen von 50 µl aufgefüllt. Parallel wurde für jeden PCR-Ansatz eine positiv-Kontrolle mit den 16S RNA *Hyphomicrobium*-Primern und eine negativ-Kontrolle mit allen Komponenten außer der genomischen DNA angesetzt. Anschließend wurden die Ansätze im PCR-Cycler 4 min lang bei 95 °C denaturiert. Danach erfolgten in 40 Zyklen jeweils eine Minute eine Denaturierung bei 95 °C, die Hybridisierung der Primer mit der Matrize (1 min in einem Temperaturbereich von 47 °C – 68 °C) und eine Elongation (1 min bei 72 °C). Zuletzt erfolgte eine Verlängerung bei 72 °C für 7 min. Die Proben wurden bis zur weiteren Verwendung bei 4 °C gekühlt. Um die Größe der amplifizierten Fragmente zu bestimmen und zu überprüfen, wurden die PCR-Produkte auf einem Agarose-Gel nachgewiesen. Bei einer Fragment-Größe unter 300 bp wurde ein 2,5 % Agarose-Gel verwendet, bei einer Größe über 300 bp ein 2 % Agarose-Gel.

2.2.2.2. Aufreinigung der DNA-Fragmente

Für die Aufreinigung wurden die PCR-Produkte beim Auftreten mehrerer Banden auf dem Agarose-Gel von diesem ausgeschnitten oder beim Erscheinen einer einzelnen Bande 50 µl des PCR-Produktes direkt eingesetzt.

Die Aufreinigung wurde mit dem *Wizard® SV Gel and PCR Clean-Up System* (Promega, Madison (USA)) entsprechend dem Handbuch durchgeführt. Jedoch wurden die Proben nach der 15-minütigen Zentrifugation zusätzlich bei geöffnetem Deckel 15 min lang bei Raumtemperatur inkubiert, damit restliches Ethanol vollständig verdampfen konnte. Danach erfolgte die Elution mit 50 µl Nuclease-freiem-Wasser, welches zuvor auf 56 °C erwärmt worden war. Nach der Aufreinigung erfolgte eine Konzentrationsbestimmung.

2.2.2.3. Konzentrationsbestimmung der DNA

Um die Konzentration der DNA zu bestimmen, wurde eine Quantifizierung mit Hilfe eines Agarose-Gels (siehe 2.2.2.9.) durchgeführt. Hierfür wurden 5 µl der aufgereinigten DNA-Fragmente, welche zuvor mit 1 µl Ladepuffer gemischt wurden, und 5 µl Standard (*Hyper Ladder I*) aufgetragen. Durch einen Vergleich der Intensitäten der entstandenen Banden mit den bereits bekannten Banden des Standards konnte dann die Konzentration bestimmt werden.

Für die Sequenzierung wurde die Konzentration zudem über die Absorption bestimmt. Hierfür wurde zunächst eine 1:150 – Verdünnung der isolierten DNA hergestellt und anschließend im Spektrophotometer die Absorption bei 260 nm und 280 nm gegen Wasser (*Tissue Culture Water*) gemessen. Die Konzentration wurde dann, unter Berücksichtigung der Verdünnung, nach dem Lambert Beer'schen Gesetz berechnet (Formel (2)). Bei allen Messungen betrug die Schichtdicke der Küvette 1 cm und der Extinktionskoeffizient $\varepsilon = 0{,}02\ \mu g \cdot cm \cdot ml^{-1}$.

$$c = \frac{A_{260}}{\varepsilon_{260} \cdot d} \qquad (2)$$

c: DNA-Konzentration ($\mu g \cdot ml^{-1}$)

A_{260}: Absorption bei einer Wellenlänge von 260 nm

ε_{260}: Extinktionskoeffizient von dsDNA bei 260 nm Wellenlänge ($\mu g \cdot cm \cdot ml^{-1}$)

d: Schichtdicke der Küvette in cm

2.2.2.4. Ligation

Die Ligation wurde entsprechend dem Handbuch zum *pGEM®-T Vector System I* durchgeführt. Als Vektor wurde *der pGEM®-T Vector* eingesetzt, welcher bereits am 3´-terminalen Ende einen Thymidin-Überhang aufweist, wodurch eine sehr effiziente Ligation von PCR-Produkten in das Plasmid möglich ist, welche zuvor durch den Einsatz einer thermostabilen Taq Polymerase in einer PCR-Reaktion einen kompatiblen A-Überhang erhalten haben. Zudem weist der Vektor eine Ampicillinresistenz auf. Mit Hilfe der Formel (3) und den zuvor bestimmten Konzentrationen konnte die Insert-Menge des PCR-Produktes berechnet werden. Hierfür liefert im Allgemeinen ein Insert-Vektor-Molverhältnis von 3:1 gute Ergebnisse.

$$\frac{\text{Vektor-Menge [ng]} \cdot \text{Größe des Inserts [kb]}}{\text{Größe des Vektors [kb]}} \times \text{Insert-Vektor-Molverhältnis} = \text{Insert-Menge [ng]} \quad (3)$$

Neben dem PCR-Produkt enthielt der Ligationsansatz 5 µl 2x *Rapid Ligation Buffer*, 1 µl des *pGEM®-T* Vektors (50 ng/µl) und 1 µl T4 DNA Ligase (3 Weiss units/µl). Jeder Ansatz wird mit Wasser (*Tissue Culture Water*) bis zu einem Endvolumen von 10 µl aufgefüllt. Bei jeder Ligation wird zusätzlich eine positiv-Kontrolle mitgeführt, welcher statt des PCR-Produktes 2 µl *Control Insert* DNA zugesetzt wurden. Die Ansätze wurden über Nacht bei 4 °C inkubiert, bevor sie zur Transformation eingesetzt werden konnten.

2.2.2.5. Transformation

Für die Transformation wurden die kompetenten JM109-Zellen (siehe 2.2.1.4.) im Eisbad aufgetaut und jedem Ligationsansatz 100 µl davon zugegeben. Nach 20-minütiger Inkubation auf Eis erfolgte ein Hitzeschock 50 s lang im Wasserbad bei exakt 42 °C. Anschließend wurden die Zellen 2 min lang auf Eis abgekühlt und 900 µl raumtemperiertes SOC-Medium zugegeben. Nach einer weiteren Inkubation (90 min, 37 °C) wurden die Zellen auf Agar-Platten, welchen zuvor Ampicillin, IPTG und X-Gal zugesetzt wurden (in den unter 3.1.4. angegebenen Konzentrationen), ausplattiert. Die Identifizierung positiver Klone erfolgte über die Blau-Weiß-Selektion (siehe 2.2.2.6.). Als kompetente Zellen wurden zusätzlich XL10-Gold® Ultrakompetente Zellen eingesetzt, da diese eine Transformationseffizienz von $\geq 5 \times 10^9$ cfu/µg für pUC18 DNA aufweisen. Die Transformation wurde bei diesen Zellen wie im Handbuch zum Kit beschrieben durchgeführt.

2.2.2.6. Blau-Weiß-Selektion

Mit Hilfe der Blau-Weiß-Selektion wurde kontrolliert, ob die Klonierung erfolgreich war. Hierfür wurden die besonderen Eigenschaften des *pGEM®-T* Vektors und der Bakterienstämme ausgenutzt. Der Vektor kodiert für die T7 und SP6 RNA Polymerase, welche eine multiple Klonierungsstelle flankieren, die in der aminoterminalen kodierenden Sequenz der β-Galactosidase (α-Peptid) liegt. Die Bakterienstämme besitzen zudem ein Gen, welches für das C-terminale ω-Peptid der β-Galactosidase kodiert. Durch Zusammenwirken beider Peptide entsteht die aktive Form der β-Galaktosidase, welche X-Gal spaltet und dadurch nach einer anschließenden Oxidation ein tiefblauer Farbstoff gebildet wird. Durch Insertion des PCR-Produktes in den Bereich der beiden Peptide wird die Gensequenz unterbrochen und das Enzym wird nicht mehr exprimiert. Somit kann auch X-Gal nicht mehr gespalten und kein blauer Farbstoff gebildet werden. Weiße Kolonien lassen demnach auf ein Plasmid mit Insert schließen, wohingegen negative Kolonien blau gefärbt sind.

2.2.2.7. Plasmidpräparation

Resuspensionspuffer:

50 mM	Tris (pH 8,0)
10 mM	EDTA (pH 8,0)

kurz vor Gebrauch 100 µg/ml RNase A zugeben

Lysepuffer:

200 mM	NaOH
1 %	SDS (w/v)

Neutralisationspuffer:

3 M	Kaliumacetat

- hierfür 29,46 g Kaliumacetat in 90 ml Millipore-Wasser lösen und mit 2 M Eisessig auf pH 5,5 einstellen
- anschließend mit Millipore-Wasser auf ein Endvolumen von 100 ml auffüllen

Die Isolierung der Plasmid-DNA erfolgte nach der Methode von *Stephen et al.* [22]. Hierfür wurde zunächst jeweils eine weiße Kolonie in 5 ml LB-Medium (0,5 µg Ampicillin zugesetzt) überführt und über Nacht bei 37 °C unter Schütteln inkubiert. Am nächsten Tag wurden dann 2 ml der Über-Nacht-Kultur in ein 2 ml Eppendorf-Reaktionsgefäß gefüllt und bei 16000 *g* 1 min lang abzentrifugiert. Der Überstand wurde verworfen und das Pellet in 200 µl Resuspensionspuffer sorgfältig resuspendiert. Anschließend wurden 400 µl Lysepuffer zugegeben und während einer Inkubationszeit von 5 min bei Raumtemperatur invertiert. Nach Zugabe von 300 µl Neutralisationspuffer und erneutem Invertieren erfolgte eine Zentrifugation bei 16000 *g* 5 min lang. Der Überstand wurde anschließend in ein neues 2 ml Eppendorf-Reaktionsgefäß überführt, 900 µl Ethanol (100 %, -20 °C) zugegeben, gemischt und erneut bei 16000 *g* 5 min lang zentrifugiert. Der Überstand wurde verworfen und das Pellet mit 1 ml Ethanol 70 % gewaschen. Nach einer letzten Zentrifugation (16000 *g*, 5 min) wurde der Überstand sehr sorgfältig dekantiert und das Pellet bei geöffnetem Deckel und 56 °C 15 min lang im Heizblock getrocknet. Hierbei ist es wichtig, dass die restliche Flüssigkeit vollständig verdampft. Abschließend wurde das Pellet in 30 µl Wasser (*Tissue Culture Water*) resuspendiert und konnte dann für den Restriktionsverdau eingesetzt werden.

2.2.2.8. Restriktionsverdau

Für den Restriktionsverdau wurden zunächst für jeden Ansatz 20 µl aus der Plasmidpräparation mit 2 µl Wasser (*Tissue-Culture-Water*), 2,5 µl Puffer D (siehe 2.1.5.2.) und 0,5 µl des Enzyms BstZI gemischt. Nach einer einstündigen Inkubation bei 50 °C wurde die Reaktion mit 4 µl Ladepuffer gestoppt und anschließend 20 µl der Proben auf ein Agarose-Gel (siehe 2.2.2.9.) aufgetragen um den Restriktionsverdau zu überprüfen. Die dabei entstandenen Banden mussten genau die Größe des Inserts aufweisen.

2.2.2.9. Agarose-Gelelektrophorese

Hierfür wurden die Agarose-Lösungen in der Mikrowelle erhitzt, wobei die Konzentration abhängig von der Fragment-Größe war (< 300 bp, 2,5 %, > 300 bp, 2 %). Anschließend wurde diese dünn in die Gelapparatur gegossen. Nach der Polymerisierung konnte der Kamm entfernt, die Apparatur in die Gelkammer gesetzt und diese mit dem jeweiligen Laufpuffer (1 x TBE (siehe 2.1.3.)) aufgefüllt werden. Die DNA-Proben wurden mit 1 x Ladepuffer gemischt (1 µl 1x Ladepuffer pro µl eingesetzte DNA) und anschließend das Gel mit diesen beladen. Zudem wurde ein Standard (siehe 2.1.2.) aufgetragen. Anschließend wurde eine Spannung von 110 V angelegt und nach der Elektrophorese das Gel in Ethidiumbromid (10 µg/ml) gefärbt, kurz in Wasser entfärbt und fotografiert. Durch den Vergleich der Banden mit einem Standard konnte die Größe der Fragmente bestimmt werden.

2,0 % (w/v) Agarose in 1x TBE-Puffer
2,5 % (w/v) Agarose in 1x TBE-Puffer

2.2.2.10. Sequenzierung

Für die Sequenzanalyse wurde zunächst die Konzentration des DNA-Fragments über die Messung der Absorption bei 260 nm und 280 nm (siehe 2.2.2.4.) bestimmt. Es wurden 0,8 µg der DNA in einem Endvolumen von 10 µl Wasser (*Tissue Culture Water*) an die Firma Microsynth verschickt. Zur Sequenzierung des Fragments wurde der T7-Promotor (siehe Tabelle 2) verwendet. Die Sequenzanalyse erfolgte mit dem Programm *Vector NTI* 8.

3. Ergebnisse

Um die kleine Einheit der Methylamin-Dehydrogenase aus *Hyphomicrobium zavarzinii* ZV580 zu klonieren, wurde eine Polymerase-Ketten-Reaktion (PCR) über Primer-Homologie durchgeführt. Hierfür wurden degenerierte Primer in einem Bereich gewählt, der bei allen drei bereits kristallisierten Methylamin-Dehydrogenasen M58001, M57936 und M90098 eine starke Homologie aufweist (Abbildung 4). Die Primer fMetDH4 und fMetDH3 befinden sich im Bereich des Signalpeptides des bereits aufgereinigten Proteins aus *Thiobacillus versutus* (M58001) und die Primer fMetDH6, rMetDH2 und rMetDH4 im reifen Peptid. Der Primer fMetDH6 ist dabei von der N-Sequenzierung abgeleitet. Die PCR-Produkte wurden anschließend aufgereinigt, in einen Vektor ligiert und in kompetente Zellen transformiert. Die Ergebnisse der Klonierung und anschließenden Sequenzierung sowie der Vergleich mit bereits kristallisierten kleinen Untereinheiten der Methylamin-Dehydrogenase sind im Folgenden dargestellt.

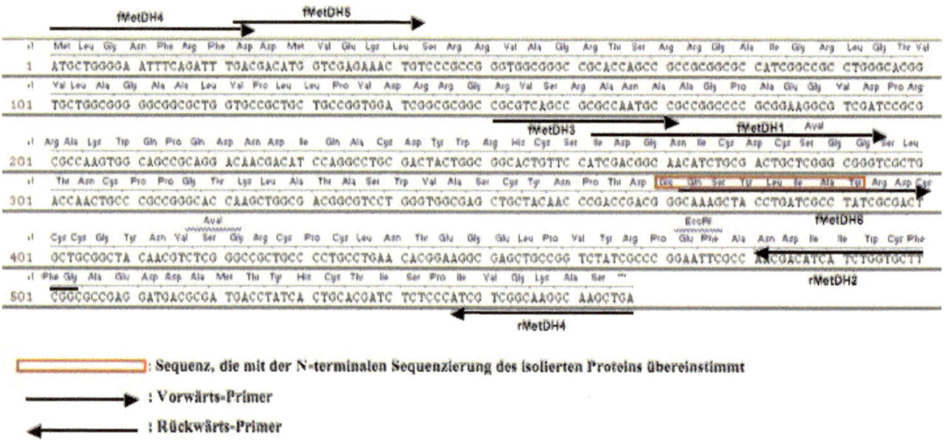

Abbildung 4: Primer-Anordnung

Dargestellt ist ein Teil der publizierten Sequenz der kleinen Untereinheit der Methylamin-Dehydrogenase M58001 aus *Thiobacillus versutus* ([17], vollständige Sequenz siehe Anhang 6.2.4.) und die Position der Primer. Die Nukleotid-Fragmente 1-171 bp kodieren für das Signalpeptid und die Fragmente 172-567 bp kodieren für das reife Peptid. Die Primer fMetDH5 und fMetDH1 wurden nicht verwendet.

3.1. *Polymerase-Ketten-Reaktion (PCR) und Bestimmung der Größe der PCR-Produkte mittels Agarose-Gel*

Für die Vervielfältigung der Sequenz zwischen den Primern wurde zunächst ein PCR-Ansatz wie unter 2.2.2.1. beschrieben angesetzt. Hierfür wurden verschiedene Primer-Paare und genomische DNA verwendet, welche in der Tabelle 4 dargestellt sind. Die Primer-Paare wurden dabei unter Berücksichtigung ähnlicher Basis-Tm-Werte kombiniert. Das PCR-Programm wurde ebenfalls wie unter 2.2.2.1. beschrieben durchgeführt. Durch den Einsatz des *Robo-Cyclers* konnten bis zu 12 verschiedene Anlagerungstemperaturen eingestellt werden um somit die optimale Temperatur für die einzelnen Primer-Paare zu ermitteln und die Wahrscheinlichkeit zu erhöhen ein Fragment der gewünschten Größe zu erhalten. Bei allen drei PCR-Ansätzen wurde für die Hybridisierung der Primer mit der Matrize ein Temperaturgradient von 47 °C – 58 °C eingestellt.

Tabelle 4: PCR-Ansätze mit den jeweils verwendeten Primern und eingesetzter genomischer DNA

PCR-Ansatz	vorwärts Primer	rückwärts Primer	genomische DNA	Bezeichnung des Inserts	gewünschte Insert-Größe (bp)
A	fMetDH6	rMetDH4	GD_{25}	Fragment 1	199
B	fMetDH4	rMetDH4	GD_{1}	Fragment 2	420
C	fMetDH3	rMetDH2	GD_{24}	Fragment 3	357

Um die Größe der amplifizierten Fragmente zu bestimmen, wurden die PCR-Produkte auf ein Agarose-Gel aufgetragen (siehe 2.2.2.9.). Da die gewünschten Fragmente beim Ansatz B und C eine Größe über 300 bp aufwiesen, wurde ein 2 % Agarose-Gel verwendet. Beim Ansatz A wurde eine Größe von 199 bp erwartet und demnach wurden die Produkte dieses Ansatzes auf ein 2,5 % Agarose-Gel aufgetragen. Die Ergebnisse der Agarose-Gelelektrophorese sind in Abbildung 5 – 7 dargestellt. Bei den PCR-Produkten aus Ansatz A wird deutlich, dass erst ab einer Anlagerungstemperatur von 53 °C Banden zu erkennen waren (Abbildung 5). Dies liegt vermutlich daran, dass die beiden verwendeten Primer eine relativ hohe Schmelztemperatur haben (fMetDH6: 65 °C; rMetDH4: 56 °C) und somit Temperaturen ab 53 °C für eine Anlagerung der Primer an den Matrizenstrang optimal sind. Außerdem ist auffällig, dass neben einer Bande bei der gewünschten Fragment-Größe von 199 bp noch eine weitere bei ca. 450 bp sichtbar war. Dies ist vermutlich auf eine unspezifische Bindung des Primers zurückzuführen und daher war diese Bande für die folgenden Schritte unrelevant. Die Probe bei einer Anlagerungstemperatur von 57 °C wurde aufgrund der hohen DNA-Konzentration zur Ligation eingesetzt (Abb. 5 B, Markierung bei 1.). Hierfür musste die Probe für die Aufreinigung (siehe 2.2.2.2.) aus dem Agarose-Gel ausgeschnitten werden, um nur die Bande bei 199 bp bei weiteren Experimenten einzusetzen.

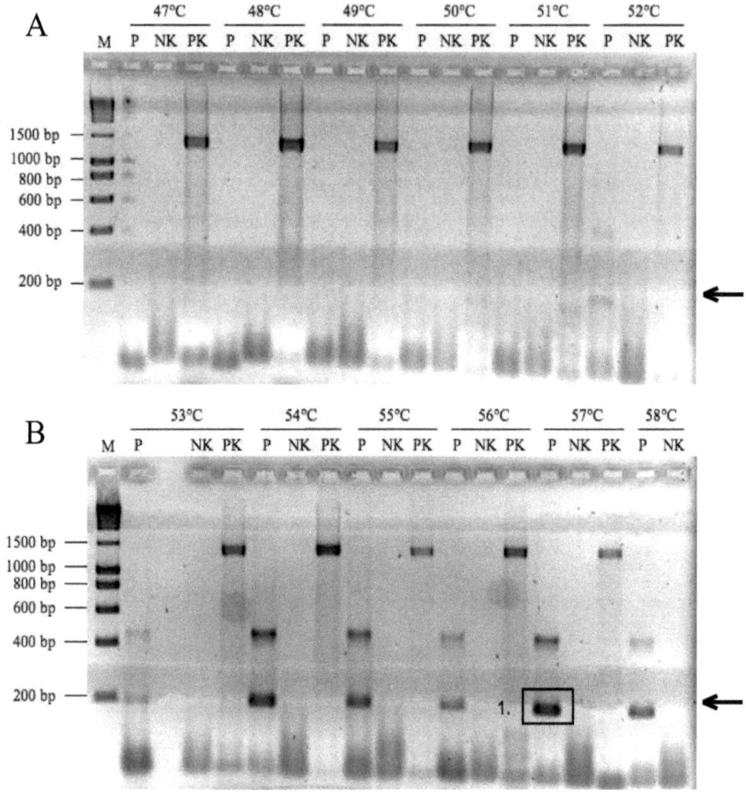

Abbildung 5: Gel-Analyse der PCR-Produkte aus Ansatz A

A) 47 °C – 52 °C, B) 53 °C – 58 °C; M: Marker (*Hyper Ladder I*);

P: Probe, Primerpaar: fMetDH6/rMetDH4; NK: negativ-Kontrolle; PK: positiv-Kontrolle; Markierung 1. aus Abbildung B: für die Klonierung eingesetztes Fragment 1.

Bei der Gel-Analyse der PCR-Produkte aus Ansatz B traten ebenfalls bei 48 °C und 53 °C Doppelbanden auf, welche auch auf eine unspezifische Bindung des Primers an die Matrize zurückzuführen sind. Nur bei einer Hybridisierungstemperatur von 51 °C, 52 °C bzw. 54 °C waren deutliche Einzelbanden zu erkennen, welche auch die gewünschte Größe von 420 bp aufwiesen und daher bevorzugt für die Ligation eingesetzt wurden, da sie direkt vom PCR-Produkt aufgereinigt werden konnten (siehe 2.2.2.2.). Da jedoch die Bande bei 54 °C sehr schwach war, wurden nur die ersten beiden (Abb. 6 A: Markierung 2. und 3.) verwendet. Obwohl bei beiden Proben keine Bande bei der positiv-Kontrolle sichtbar war, konnte man davon ausgehen, dass die Reaktion dennoch fehlerfrei abgelaufen war, da bei den Proben der Temperaturen 47 °C und 48 °C eine Bande bei der gewünschten Größe von ca. 1500 bp erschienen ist. Da alle Komponenten in einem Master-Mix gemischt wurden, müssten grundsätzlich bei jeder Temperatur identische Ergebnisse sichtbar sein. Die Ergebnisse deuten darauf hin, dass eine Anlagerungstemperatur von 51 °C bzw. 52 °C optimal für eine spezifische Bindung der Primer an den Matrizenstrang war, jedoch konnte man keine genaueren Aussagen treffen, da das Auftreten der Banden zu unregelmäßig war und mögliche Fehlerquellen nicht ermittelt werden konnten.

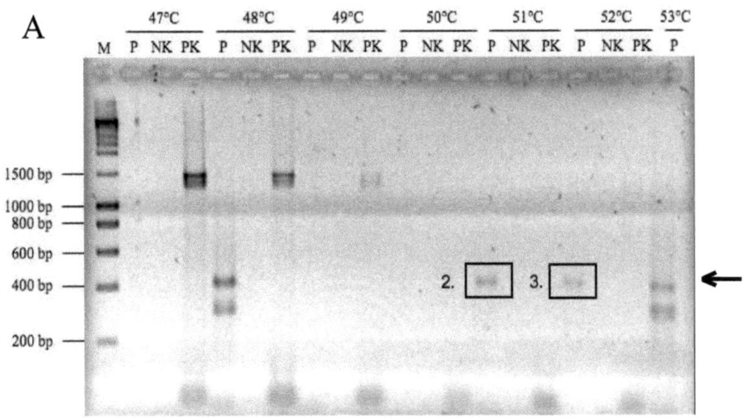

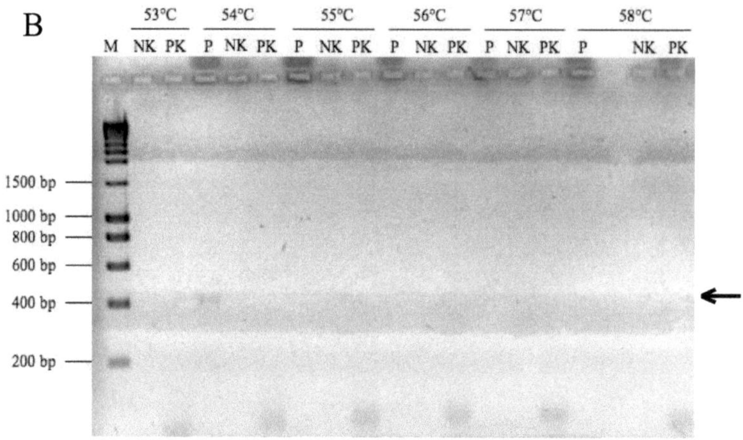

Abbildung 6: Gel-Analyse der PCR-Produkte aus Ansatz B

A) 47 °C – 53 °C, B) 53 °C – 58 °C; M: Marker (*Hyper Ladder I*);

P: Probe, Primerpaar: fMetDH4/rMetDH4; NK: negativ-Kontrolle; PK: positiv-Kontrolle; Markierung 2. und 3. aus Abbildung A: für die Klonierung eingesetztes Fragment 2.

Bei der Gel-Analyse der PCR-Produkte aus Ansatz C waren bei den Proben jeder Anlagerungstemperatur Banden einer Größe von ca. 520 bp zu erkennen. Auch die positiv-Kontrollen zeigten überall deutliche Banden und ließen demnach darauf schließen, dass die PCR fehlerfrei abgelaufen war. Es war in diesem Fall daher auch nicht möglich eine genaue Aussage über die optimale Anlagerungstemperatur zu treffen. Die Fragmente zeigten zwar nicht die gewünschte Größe von 357 bp, da die Banden jedoch einheitlich bei allen Temperaturen bei einer Größe von 520 bp auftraten, wurden sie für die Ligation eingesetzt. Zudem konnte auch nach mehrmaligen Wiederholungen (Abb. nicht dargestellt) keine Bande bei 357 bp erzielt werden. Dies lässt darauf schließen, dass der Primer vermutlich an einer anderen Stelle auf der Matrize bindet als vermutet. Für die Ligation wurde das Fragment einer mittleren Temperatur (Abb. 7 B: Markierung bei 4.) wie unter 2.2.2.2. beschrieben direkt vom PCR-Produkt aufgereinigt. Da diese Bande am stärksten war, hatte sie demnach auch die höchste Konzentration. Nachdem alle ausgewählten Fragmente aufgereinigt wurden, konnte anschließend die Konzentration der DNA für die Ligation genauer bestimmt werden.

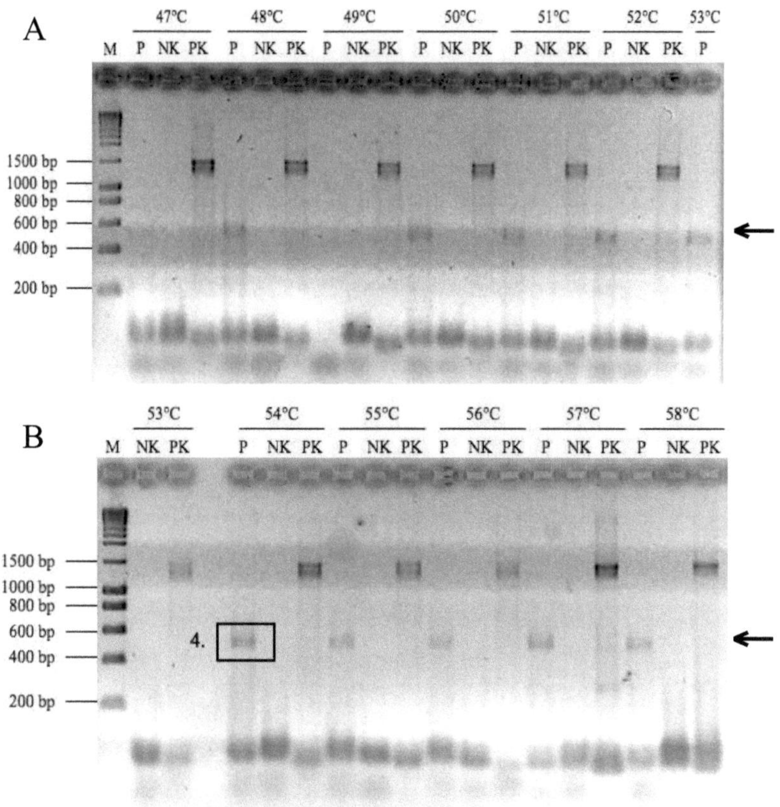

Abbildung 7: Gel-Analyse der PCR-Produkte aus Ansatz C

A) 47 °C – 53 °C, B) 53 °C – 58 °C; M: Marker (*Hyper Ladder I*);

P: Probe, Primerpaar: fMetDH3/rMetDH2; NK: negativ-Kontrolle; PK: positiv-Kontrolle; Markierung 4. aus Abbildung B: für die Klonierung eingesetztes Fragment 3.

3.2. Konzentrationsbestimmung der DNA

Um die für den Ligationsansatz benötigte DNA-Menge zu berechnen, musste die Konzentration im PCR-Produkt bestimmt werden. Dabei handelt es sich jedoch nur um einen Schätzwert und keine genaue Quantifizierung. Von den aufgereinigten Banden wurde durch eine Gelelektrophorese die Konzentration bestimmt, indem die Intensität der Banden mit denen des Standards (*Hyper Ladder I*) verglichen wurde. Die zugehörigen Bilder der Gel-Analyse sind in Abbildung 8 dargestellt. Um die Konzentrationen vergleichen zu können wurden sowohl von dem Standard als auch der Probe jeweils 5 µl / Tasche auf das Agarose-

Gel aufgetragen. Für das Fragment 3 (Abb. 8 A, Markierung 5.) ergab sich demnach eine Konzentration von 20 ng/ 5 µl. Dies entspricht einer Konzentration von 4 ng/µl. Beim Fragment 1 (Abb. 8 A, Markierung 6.) war die Konzentration etwas geringer als beim Fragment 3 und ließ sich auf ca. 18 ng / 5 µl abschätzen, was 3,6 ng/µl entspricht. Das Fragment 2/a (Abb. 8 B, Markierung 7.) lag in einer Konzentration von 15 ng/ 5 µl (3 ng/µl) vor, beim Fragment 2/b betrug sie 10 ng/ 5 µl (2 ng/µl). Mit Hilfe dieser Konzentrationen wurden nun die entsprechenden Insert-Mengen für den Ligationsansatz berechnen.

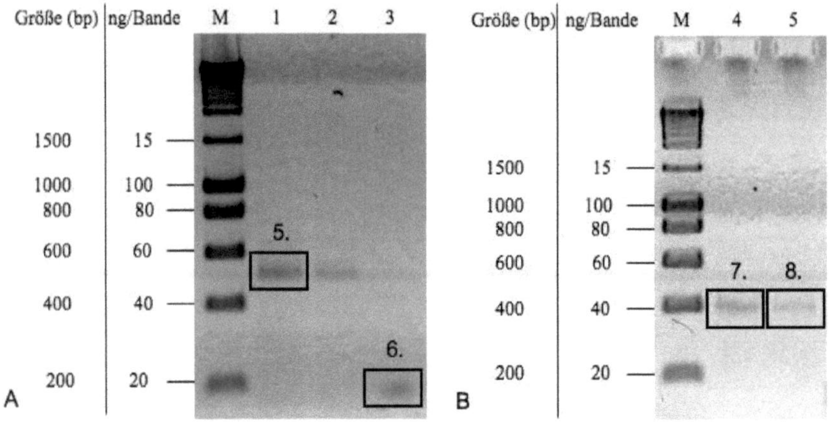

Abbildung 8: Gel-Analyse zur Konzentration der aufgereinigten PCR-Produkte

M: Marker; Tasche 1: Fragment 3; fMetDH3/rMetDH2 (aus Abb. 7 B, Markierung 4.); Tasche 2: Fragment 3 (nicht für die Ligation eingesetzt); Tasche 3: Fragment 1, fMetDH6/rMetDH4 (aus Abb. 7 B, Markierung 1.); Tasche 4: Fragment 2/a, fMetDH4/rMetDH4 (aus Abb. 6 B, Markierung 2.); Tasche 5: Fragment 2/b (aus Abb. 6 B, Markierung 3.)

Markierungen: für die Ligation eingesetzte Fragmente

A) 5.: Fragment 3; 6.: Fragment 1

B) 7.: Fragment 2/a; 8.: Fragment 2/b

3.3. Ligation und Transformation

Der Ligationsansatz enthielt die wie unter 2.2.2.4. aufgeführten Komponenten. Die enthaltenen Insert-Mengen ließen sich mit der Formel (3) (siehe 2.2.2.4) berechnen. Für jede Ligation wurden 50 ng des *pGEM®-T* Vektors eingesetzt, welcher eine Größe von 3 kb besitzt. Die aus der Größe des zu ligierenden Fragmentes und der im PCR-Produkt enthaltenen DNA-Konzentration resultierenden Insert-Mengen sind in Tabelle 5 zusammengefasst.

Tabelle 5: Berechnete Insert-Menge für den Ligationsansatz

Bezeichnung	Fragment-Größe (bp)	Benötigte Insert-Menge (ng)	Konzentration im PCR-Produkt (ng/µl)	Insert-Menge im Ligationsansatz (µl)
Fragment 1	199	10	3,6	2,8
Fragment 2/a	400	20	3	6,7
Fragment 2/b	400	20	2	10,0
Fragment 3	520	26	4	6,5

Angegeben sind die aus der Fragment-Größe und der benötigten Insert-Menge berechneten DNA-Konzentrationen im PCR-Produkt und die daraus resultierenden Insert-Mengen im Ligationsansatz.

Nach der Inkubation (über Nacht, 4 °C) erfolgte die Transformation (siehe 2.2.2.5.) in XL10-Gold® Ultrakompetente Zellen (Fragment 1) bzw. *E-coli* JM109 – kompetente Zellen (Fragment 2 und 3). Um die Transformationseffizienz der *E.coli* JM109 – kompetenten Zellen mit der Effizient der XL10-Gold® Ultrakompetenten Zellen zu vergleichen und vorher abzuschätzen, ob die Transformation die gewünschten Ergebnisse liefert, musste zunächst ein Kompetenztest wie unter 2.2.1.4. beschrieben durchgeführt werden. Die Transformanden bei den entsprechenden Plasmid-Konzentrationen wurden ausgezählt und anschließend die Effizienz nach Formel (1) (siehe 2.2.1.4.) berechnet (Tabelle 6). Im Vergleich zu den XL10-Gold® Ultrakompetenten Zellen mit einer Transformationseffizienz von $\geq 5 \cdot 10^9$ cfu/µg eingesetzter pUC18 DNA, hatten die *E.coli* JM109 kompetenten Zellen mit $0{,}6 \cdot 10^5$ cfu/µg Plasmid-DNA eine deutlich geringere Effizienz. Dies spiegelte sich auch in den Ergebnissen der Transformation (Tabelle 7) wieder. Die Anzahl der Klone nach der Transformation in die XL10-Gold® Ultrakompetenten Zellen waren am Beispiel der positiv-Kontrolle mit 81 positiven Klonen nahezu doppelt so groß wie bei den *E.coli* JM109 Zellen mit nur 43 positiven Klonen.

Tabelle 6: Transformationseffizienz

Plasmid-Menge (ng)	Anzahl der JM109-Transformanden (cfu)	Transformationseffizienz (cfu/µg Plasmid-DNA)
1	0	0
10	28	$0{,}6 \cdot 10^5$
100	279	$0{,}6 \cdot 10^5$

Dargestellt ist die berechnete Transformationseffizienz aus der Plasmid-Menge und den nach der Transformation erhaltenen JM109-Klonen.

3.4. Blau-Weiß-Screening der transformierten Klone

Nach der Transformation der DNA Fragmente in die kompetenten Zellen wurden die positiven Klone (weiß), die das Plasmid mit dem eingebauten Fragment aufgenommen hatten, und die negativen Klone (blau) ausgezählt. Die Ergebnisse sind in Tabelle 7 zusammengefasst. Von allen positiven Klonen wurden mindestens 25 für die Plasmidpräparation eingesetzt um sicherzustellen, dass das Insert enthalten war. Durch die hohe Probenzahl konnte die Wahrscheinlichkeit, dass nur ein Teil des Inserts eingebaut wurde, verringert werden.

Tabelle 7: Anzahl der positiven und negativen Klone nach der Transformation

kompetente Zellen	Bezeichnung	Anzahl der positiven Klone (weiß)	Anzahl der negativen Klone (blau)
XL10-Gold®	Fragment 1	30	111
	positiv Kontrolle	81	21
	negativ Kontrolle	0	0
JM 109	Fragment 2/a	10	46
	Fragment 2/b	16	64
	Fragment 3	8	11
	positiv Kontrolle	43	10
	negativ Kontrolle	0	0

Dargestellt sind die aus der Transformation der einzelnen Fragmente hervorgegangenen positiven Klone (weiß), welche das Fragment eingebaut haben, und negativen Klone (blau), welche kein Insert aufweisen.

3.5. Plasmidpräparation und Restriktionsverdau

Nachdem das Plasmid erfolgreich transformiert worden ist, wurde die Plasmid DNA mit Hilfe einer Plasmidpräparation, wie unter 2.2.2.7. beschrieben, isoliert und anschließend 20 µl davon für den Restriktionsverdau verwendet um das DNA-Fragment wieder aus dem Plasmid zu schneiden (siehe 2.2.2.8.). Mit Hilfe einer Gel-Analyse konnte nachgewiesen werden, dass die Fragmente in das Plasmid eingebaut worden waren. Dieses besitzt hierfür an der Insertionstelle sowohl am 5'- als auch am 3'-Ende des Inserts jeweils eine BstZI-Schnittstelle, welche das Ausschneiden des Inserts aus dem Plasmid ermöglicht. Nach dem Restriktionsverdau wurden die Proben auf ein Agarose-Gel aufgetragen (Abb. 9 und 10). Beim Fragment 1 wurde ein 2,5 % Agarose-Gel verwendet, da das Fragment eine Größe von 199 bp aufwies und bei den Fragmenten 2 und 3 ein 2 % Agarose-Gel. Da die Fragmente nun wieder isoliert vorlagen, musste neben der Bande für das Plasmid (ca. 3000 bp) auch eine Bande mit der jeweiligen Größe des Inserts (Tabelle 8) sichtbar sein.

Tabelle 8: Gewünschte Insert-Größe

Bezeichnung des Inserts	Gewünschte Insert-Größe (bp)	Größe nach der Plasmidpräparation (bp)
Fragment 1	199	220
Fragment 2/a	420	450
Fragment 2/b	420	450
Fragment 3	357	600

In Abb. 9 sind die Ergebnisse des Restriktionsverdaus von dem Plasmid der 19 positiven Klone, die das Fragment 1 beinhalten, dargestellt. Insgesamt hatten 6 Klone (Abb. 9 A, Tasche 2, 4, 6, 8; Abb. 9 B, Tasche 8 und 9) das Insert aufgenommen. Davon wurden nur 4 Klone (Abb. 9 A, Markierung 9., 10., 11. und 12.) für die Sequenzierung eingesetzt, da die Banden bei den anderen Klonen zu schwach und demnach auch die Konzentrationen an Plasmid-DNA möglicherweise zu gering für ein gutes Sequenzierergebnis waren.

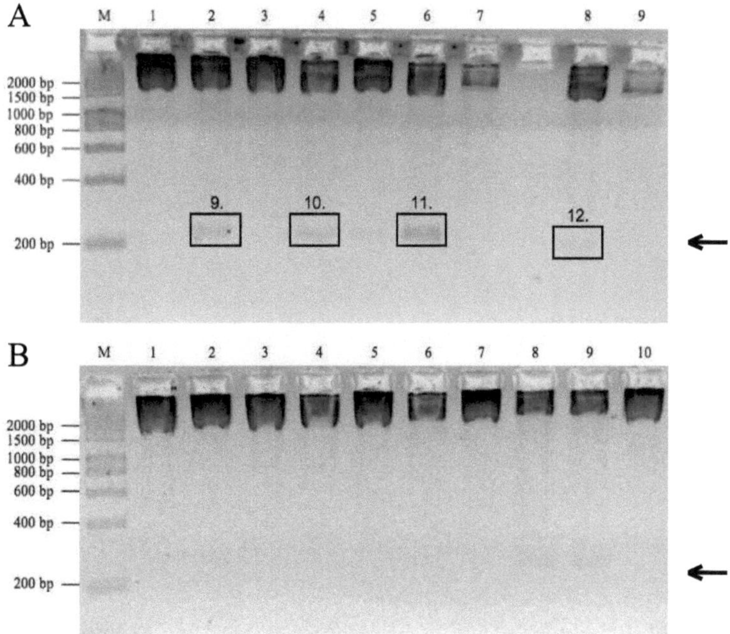

Abbildung 9: Gel-Analyse zur Kontrolle des Restriktionsverdaus I

2,5 % Agarose, M: Marker;

A) 1-9: positive Klone aus der Transformation von Fragment 1 (fMetDH6/rMetDH4)

B) 1-10: positive Klone aus der Transformation von Fragment 1 (fMetDH6/rMetDH4)

Markierung 9., 10., 11., 12.: für die Sequenzierung eingesetzte Klone

Aus der Transformation von Fragment 2 wurden insgesamt 26 positive Klone gepickt, von denen jedoch nur 4 (Abb. 10 A, Markierung 13., 14. und 15., Abb. 10 B, Markierung 16.) das Insert tatsächlich aufgenommen hatten. Dies war daran zu erkennen, dass bei diesen Klonen eine Bande bei ca. 500 bp sichtbar war. Abb. 10 zeigt zudem die 8 positiven Klone aus der Transformation von Fragment 3, wobei hier nur ein Klon das Plasmid mit dem Insert (ca. 600 bp) aufgenommen hatte (Abb. 10 B, Markierung 17.).

Bei allen Abbildungen ist deutlich das Plasmid zu sehen, welches jedoch nicht die erwartete Größe von 3 kb hatte. Das verdaute Plasmid sollte jedoch homogen laufen, da es linearisiert vorliegt. Ein Grund für die Abweichungen wäre zum einen, dass das Plasmid in unterschiedlichen Topologien vorlag und demnach auf dem Gel unterschiedlich weit gelaufen ist. Zum anderen sind Agarose-Konzentrationen von 2 % bzw. 2,5 % ungünstig bei großen Plasmiden und führen somit zu einer schlechten Auftrennung. Die Konzentrationen waren jedoch notwendig um die sehr kleinen Fragmente überhaupt zu erkennen. Auch diese wiesen nicht die in Tabelle 8 angegebenen Größen auf. Eine Abweichung von maximal 30 bp liegt jedoch im Toleranzbereich, da das Enzym BstZI einige zusätzliche Basenpaare in 5'- bzw. 3'-Richtung geschnitten hat und somit das Fragment genau um diese Basenpaare verlängert war. Zudem sind die Angaben der Fragment-Größen nur Schätzwerte und anhand der Agarose-Gele nicht genau zu identifizieren.

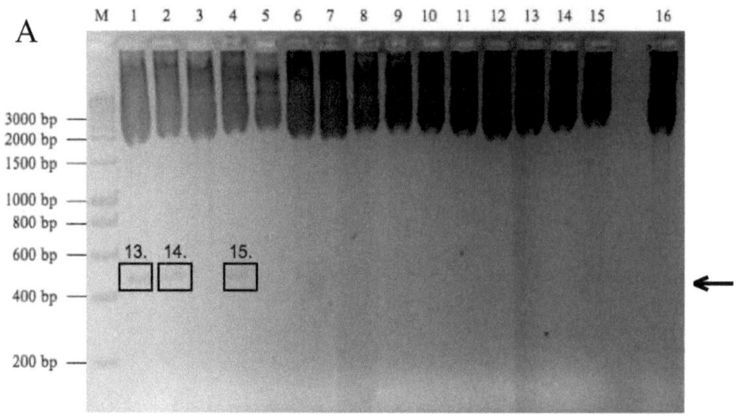

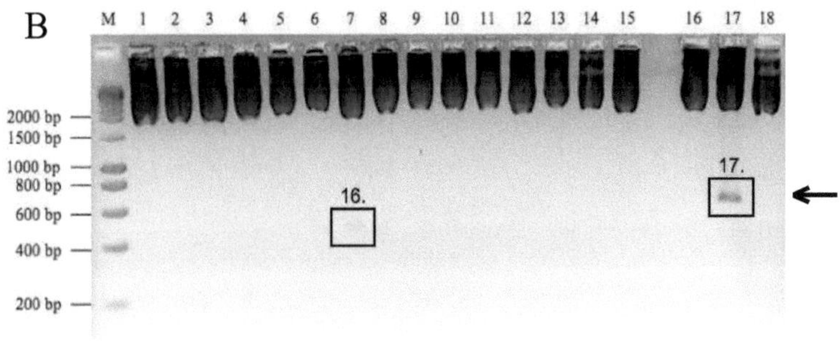

Abbildung 10: Gel-Analyse zur Kontrolle des Restriktionsverdaus II

2 % Agarose-Gel; M: Marker;

A) 1-16: positive Klone aus der Transformation von Fragment 2/b (fMetDH4/rMetDH4)

B) 1-10: positive Klone aus der Transformation von Fragment 2/a (fMetDH4/rMetDH4)

11-18: positive Klone aus der Transformation von Fragment 3 (fMetDH3/rMetDH2)

Markierung 13., 14., 15., 16. und 17.: für die Sequenzierung eingesetzte Klone

3.6. Sequenzanalyse

Für die Sequenzanalyse wurde zunächst von allen ausgewählten Klonen die Konzentration der Plasmid-DNA bestimmt (siehe 2.2.2.4.). Dies erfolgte mit Hilfe der Formel (2) (siehe 2.2.2.3.). Die berechneten Konzentrationen sind in Tabelle 9 zusammengefasst. Die für die Sequenzierung benötigte DNA-Menge betrug 0,8 µg. Die entsprechende µl-Angabe ist ebenfalls in Tabelle 9 angegeben.

Tabelle 9: Berechnung der Konzentration der Plasmid-DNA

Fragment/Markierung	A_{260}	Konzentration (µg/µl)	Benötigte Menge an Plasmid-DNA (µl)
1 / 9.	0,03	0,20	3,95
1 / 10.	0,03	0,24	3,33
1 / 11.	0,06	0,43	1,87
1 / 12.	0,06	0,45	1,78
2a / 16.	0,11	0,86	0,94
2b / 13.	0,19	1,43	0,56
2b / 14.	0,18	1,36	0,59
2b / 15.	0,10	0,76	1,06
3 / 17.	0,08	0,57	1,40

Angegeben sind die berechneten Konzentrationen aus der Konzentrationsbestimmung der positiven Klone nach der Transformation der Fragmente 1, 2 und 3. Die jeweiligen Angaben der Markierung bei den Fragmentbezeichnungen beziehen sich auf die Abbildungen 9 und 10. Zusätzlich wurde die sich aus den Konzentrationen ergebende Menge an Plasmid-DNA für die Sequenzierung berechnet.

Für die Sequenzierung wurde die Firma Microsynth beauftragt. Die dabei erhaltenen Sequenzen (siehe Anhang 6.2.1. - 6.2.3.) wurden anschließend mit der Software *Vector NTI* 8 bearbeitet, in die Aminosäure-Sequenz übersetzt und auf Homologie mit den bereits isolierten und kristallisierten kleinen Untereinheiten der Methylamin-Dehydrogenasen M58001, M57863 und M90098 [15, 16, 17] untersucht. Dabei zeigte nur die Sequenz von Fragment 1 eine signifikante Übereinstimmung. Die Nukleotidsequenz von Fragment 1/9. mit den Positionen aller Restriktionsenzyme ist in Abb. 11 dargestellt. Der Vergleich der Sequenzen von allen 4 Fragmenten ist in Abb. 12 veranschaulicht. Der dargestellte Teil der Aminosäuresequenz umfasst lediglich den Bereich, in dem die Übereinstimmung mit den bereits bekannten Methylamin-Dehydrogenasen sehr stark war. Die gelb hinterlegten Aminosäuren stimmten in allen 7 Sequenzen überein. Bei den blauen Bereichen lagen in einigen Sequenzen Abweichungen vor. Es handelte sich dabei jedoch in den meisten Fällen um eine Aminosäure, welche chemisch den anderen ähnlich ist. Grundsätzlich kann man sagen, dass die klonierte DNA über einen Bereich von 64 Aminosäuren zu 93 % mit den 3 bereits bekannten kleinen Untereinheiten der Methylamin-Dehydrogenasen übereinstimmt. Beim Vergleich der Nukleotidsequenzen der Fragmente mit denen von M58001, M57863 und M90098, ergab sich eine Homologie von Durchschnittlich 91 %. Da jedoch mehrere Nukleotide für eine Aminosäure kodieren, ergab sich die höhere Homologie auf der Ebene der Aminosäuresequenz. Am Beispiel von Fragment 1/10. unterschied sich dieses in nur 4 Aminosäuren zu der Sequenz von M58001 und M90098 und in 7 Aminosäuren zu M57963. Auch die 4 Fragmente untereinander zeigten in der Nukleotidsequenz eine sehr starke Homologie von 99 %, wobei sich im Bezug auf Fragment 1/9. das Fragmente 1/10. in 7, Fragment 1/11. in 6 und das Fragment 1/12. in 8 Nukleotiden unterschied (Sequenz siehe Anhang 6.2.5.2. – 6.2.5.4.). Die Klonierung führte bei dem Fragment 1 somit zu einem guten Sequenzierergebnis. Auch die Klone, die das Fragment 2 aufgenommen hatten, zeigten untereinander eine sehr starke Homologie von 99 % (Sequenzen siehe Anhang 6.2.2.1. – 6.2.2.4.). Hier kam es bezüglich der Sequenz von Fragment 2/13. sogar nur zu einer Abweichung von 1 Nukleotid beim Fragment 2/14., 2 Nukleotiden beim Fragment 2/15. und 3 Nukleotiden beim Fragment 2/14.. Jedoch zeigten diese, wie auch die Klone mit dem Fragment 3, keine Homologie zu den Sequenzen der bekannten Methylamin-Dehydrogenasen. Man kann demnach davon ausgehen, dass bei dem Fragment 1 eine kleine Untereinheit der Methylamin-Dehydrogenase vorliegt.

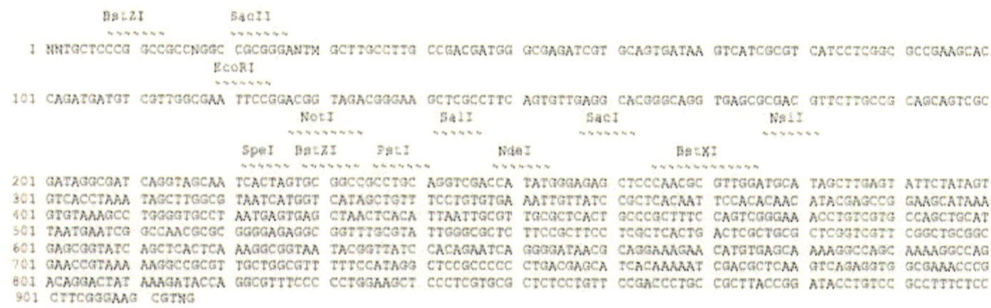

Abbildung 11: Nukleotidsequenz und Restriktionsenzyme von Fragment 1/9.

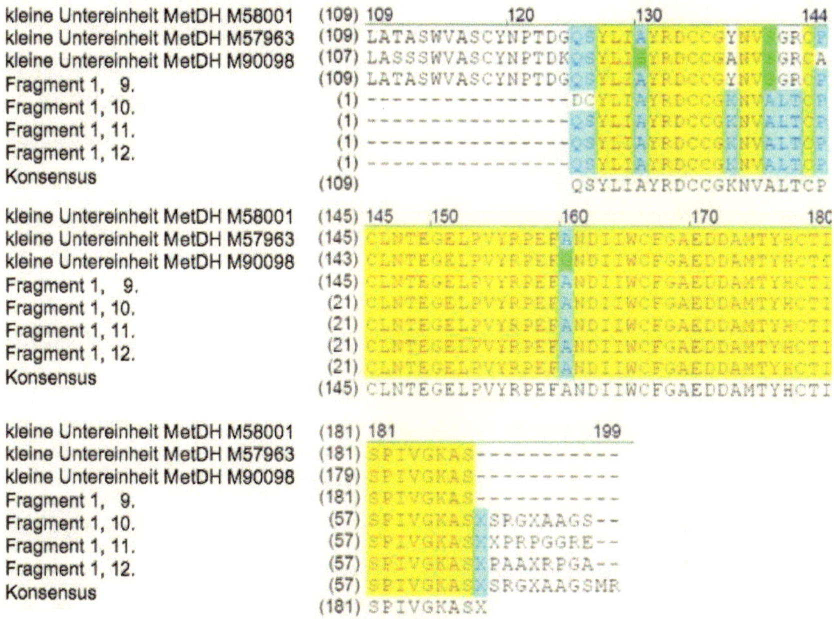

Abbildung 12: Vergleich der Aminosäuresequenzen

Dargestellt ist der Vergleich der Aminosäure-Sequenz von Fragment 1 (die Angaben der Markierungen bei den Fragmentbezeichnungen beziehen sich auf Abb. 9 A) mit der klonierten cDNA von den 3 bereits bekannten kleinen Untereinheiten der Methylamin-Dehydrogenasen M58001, M57963 und M90098. Gelb hinterlegte Bereiche kennzeichnen eine 100 %ige Übereinstimmung, in den blauen Bereichen kommt es zu Abweichungen, wobei die falsche Aminosäure grün gekennzeichnet ist.

4. Diskussion

Ziel der Arbeit war es, die kleine Untereinheit der Methylamin-Dehydrogenase aus *Hyphomicrobium zavarzinii* ZV 580 mit Hilfe von Primern, welche aus Homologie zu der bereits bekannten Sequenz der Methylamin-Dehydrogenase M58001 aus *Thiobacillus versutus* hervorgegangen sind, zu klonieren. Hierfür wurden verschiedene Primer miteinander kombiniert und über eine PCR-Reaktion die Sequenz amplifiziert. Mit den Primer-Paaren fMetDH3/rMethDH2 und fMetDH4/rMetDH4 konnten zwar PCR-Produkte amplifiziert und sequenziert werden, jedoch lieferte deren Sequenz keine ausreichende Übereinstimmung mit denen der bereits bekannten kleinen Untereinheiten der Methylamin-Dehydrogenasen M58001, M57863 und M90098. Dies liegt möglicherweise daran, dass die Primer an einer anderen Stelle an den Matrizenstrang binden. Auch kann eine längere Betrachtung der Agarose-Gele unter UV-Bestrahlung zu schwerwiegenden Schädigungen der DNA führen, was wiederum die Klonierungseffizienz und eine mögliche Homologie stark beeinträchtigt. Erst bei dem Primer-Paar fMetDH6/rMetDH4 wurde ein 199 bp großes Fragment amplifiziert, welches nach anschließender Klonierung und Sequenzierung in der Aminosäuresequenz über einen Bereich von 64 Aminosäuren eine Homologie von 93 % mit den bekannten Sequenzen der kleinen Untereinheiten der Methylamin-Dehydrogenasen aufwies. Dieses Ergebnis ist im Vergleich zu den anderen mit der höheren Spezifität des Primer-Paares fMethDH6/rMetDH4 zu begründen, da der Primer fMetDH6 aus der N-terminalen Sequenz des isolierten Proteins abgeleitet wurde. Dieser Bereich zeigte eine sehr starke Homologie bei den 3 bekannten Methylamin-Dehydrogenasen. Man kann demnach mit hoher Wahrscheinlichkeit davon ausgehen, dass es sich bei dem Fragment 1 um eine kleine Untereinheit der Methylamin-Dehydrogenase handelt. Weitere Versuche die benachbarten Regionen zu klonieren oder eine Überlappung dieser Sequenz mit den Sequenzen aus der Klonierung der anderen Primer-Paare zu erzielen, waren nicht erfolgreich. Es wurde somit nicht das ursprüngliche Ziel erreicht, die komplette Sequenz der kleinen Untereinheit der Methylamin-Dehydrogenase aus *Hyphomicrobium zavarzinii* ZV 580 zu klonieren, jedoch kann die ermittelte Sequenz ein Startpunkt für weitere Klonierungen sein. Eine Möglichkeit für weiterführende Arbeiten wäre eine Erhöhung der Spezifität der Primer bzw. der Klonierung über eine sogenannte RACE-PCR (*rapid **a**mplification of **cDNA-e**nds* with ***p**olymerase **c**hain **r**eaction*) bzw. ein *Genome Walking* nach Leoni et al. [21]. Vorteil dieser PCR-Technik ist, dass nur vollständige genomische DNA in der PCR zu einem Produkt führt. Ein interner *antisense* Primer wird für die Synthese eines DNA-Einzelstranges von einem Template genutzt. Anschließend wird ein Poly[dC]-Schwanz mit Hilfe einer terminalen Transferase an das 3'-Ende angefügt. Über einen *sense* Primer, welcher eine spezifische Ankersequenz aufweist, wird dann der zweite DNA-Strang synthetisiert, welcher als Template für eine Synthese dient, die den internen Primer verwendet um eine komplementäre Kopie zur Ankersequenz zu produzieren. Abschließend kann dann eine sogenannte *Nested* PCR mit der internen und der Ankersequenz ausgeführt werden. Für die Durchführung einer derartigen PCR wurden bereits Primer (rRACE-1-Met-RA, rRACE1Met, Abb. 16) ausgewählt und synthetisiert, welche an den Bereich des Matrizenstranges binden, der bereits mit dem Primer-Paar fMetDH6/rMetDH4 positive Ergebnisse lieferte.

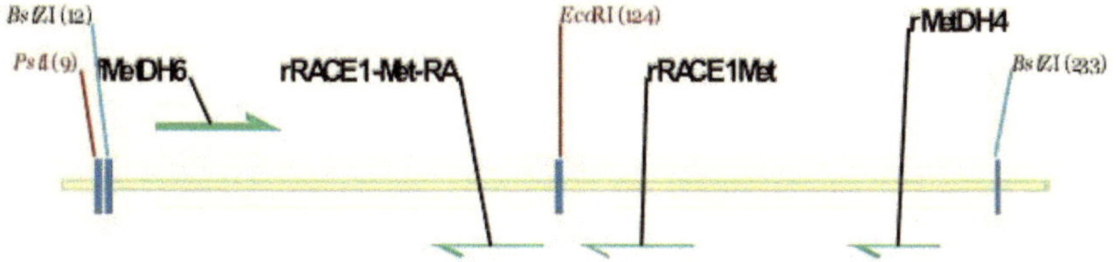

Abbildung 13: Primer für RACE-PCR

Dargestellt ist die bereits bekannte 245 bp umfassende Sequenz und die Positionen der davon abgeleiteten Primer sowie in diesem Bereich liegende Enzymschnittstellen.

Somit wurde mit der vorliegenden Arbeit ein weiterer, wichtiger Schritt hin zur Sequenzierung des gesamten Gens für die kleine Untereinheit der Methylamin-Dehydrogenase aus *Hyphomicrobium zavarzinii* ZV580 gemacht.

5. Literatur

1 N. Matzen, P. Hirsch (1981). Improved growth conditions for hyphomicrobium sp. B-522 and two additional strains. *Archives of Microbiology* **131**, 32-35.

2 R. L. Moore, K. C. Marshall (1981). Attachment and Rosette Formation by Hyphomicrobia. *Appl Environ Microbiol.* **42**, 751–757.

3 W. Harder, A. Matin, M. Attwood, M.M. (1975). Studies on the physiological significance of the lack of a pyruvate dehydrogenase complex in Hyphomicrobium sp.. *Journal of General Microbiology* **86**, 319-326.

4 F. Hilbrig, V. Jérôme, M. Salzig, R. Freitag (2009). Strategy for the isolation of native dehydrogenases with potential for biosensor development from the organism *Hyphomicrobium zavarzinii* ZV580. *Journal of chromatography* **1216**, 3518-25.

5 J.Liessens, R. Germonpre, I. Kersters, S. Beernaert, W. Verstraete (2000). Removing nitrate with a methylotrophic fluidized bed : microbiological water quality. *J AM Water Assoc* **85**, 155-161.

6 M. E. Argall, G.D. Smith (1993). The use of trehalose-stabilized lyophilized methanol dehydrogenase from *Hyphomicrobium* X for the detection of methanol. *Biochem-Mol-Biol-Int.* **30**, 491-7.

7 L. Stryer (2007). Biochemie. *Spektrum Akademischer Verlag*

8 H. R. Horton (1986). Principles of Biochemistry, *Prentice-Hall International Inc.*

9 A. L. Lehninger (1993). Principles of Biochemistry, *Worth Publisher*

10 J. G. Hauge (1964). Glucose dehydrogenase of *Bacterium anitratum*: an enzyme with a novel prosthetic group. *J Biol.Chem.* **239**, 3630-3639.

11 C. R. Klein, F. P. Kesseler, C. Perrei, J. Frank, J. A. Duine, A. C. Schwartz (1994). A novel dye-linked formaldehyde dehydrogenase with some properties indicating the presence of a protein-bound redox-active quinone cofactor. *Biochem J.* **301**, 289–295.

12 O. Kleifeld, A. Frenkel, J. M.L. Martin, I. Sagi (2003). Active site electronic structure and dynamics during metalloenzyme catalysis. *Nature Structural Biology* **10**, 98 – 103.

13 G. Pierdominici-Sottile, J. Echave, J.Palma (2006). Molecular Dynamics Study of the Active Site of Methylamine Dehydrogenase. *J. Phys. Chem. B.* **110**, 11592–11599.

14 A. C. Rinaldi, A. Rescigno, A. Rinaldi, E. Sanjust (1998). Modeling Novel Quinocofactors: An Overview. *Bioorganic Chemistry* **27**, 253-28.

15 A. Y. Christoserdov, J. Boyd, F. S. Mathews, M. E. Lidstrom (1992). The genetic organization of the *mau* gene cluster of the facultative autotroph *Paracoccus denitrificans*. *Biochemical And Biophysical Research Communications* **184**, 1126-1234

16 A. Y. Chistoserdov, Y. D. Tsygankov, M. E. Lidstrom (1991). Genetic organization of Methylamin utilization genes from *Mehylobacterium extorquens* AM1. *J. of Bacteriology* **173**, 5901-5908

17 M. Ubbink, M. A. G. van Kleef, D.-J. Kleinjan, C. W. G. Hoitink, F. Huitema, J. J. Beintema, J. A. Duine, G. W. Canters (1991). Cloning, sequencing and expression studies of the genes encoding amicyanin and the β-subunit of methylamine dehydrogenase from *Thiobacillus versutus*. Eur. J. Biochem. **202**, 1003-1012.

18 S. P. Mohanty, E. Koungianos. Biosensors: A Tutorial Review

19 A. Heller (1999). Implanted Electrochemical Glucose Sensors for the Management of Diabetes. *Annual Review of Biomedical Engineering* **1**, 153-175

20 C. Leoni, R. Gallerani, L. Ceci (2008). A genome walking strategy for the identification of eukaryotic nucleotide sequences adjacent to known regions. *Bio Techniques* **44**, 229-225

21 S. Nuñez, G. Tresadern, I. H. Hillier, N. A. Burton (2006). An analysis of reaction pathways for proton tunnelling in methylamine dehydrogenase. *Phil. Trans. R. Soc.* **361**, 1387-1398.

22 D. Stephen, C. Jones (1990). A rapid method for isolation high quality plasmid DNA suitable for DNA sequencing. *NAR* **18**, 7463-7464.

23 V. Jérôme, M. Hermann, F. Hilbrig, R. Freitag (2007). Development of a fed-batch process for the production of a dye-linked formaldehyde dehydrogenase in *Hyphomicrobium zavarzinii ZV 580. Applied microbiology and biotechnology* **77**, 779-788.

24 S. F. Conti, P. Hirsch (1965). Biology of Budding Bacteria III. Fine Structure of *Rhodomicrobium* and *Hyphomicrobium* spp. *J Bacteriol.* **89**, 503-512.

25 P. Hirsch (1989). Genus Hyphomircobium. *Stutzer und Hartleb* **76**, 1895 – 1904.

26 G. R. Bishop, Z. Zhu, T. L. Whitehead, R. P. Hicks, V. L. Davidson (1998). Identification of reaction products and intermediates of aromatic-amine dehydrogenase by ^{15}N and ^{13}C NMR. *Biochem J.* **330**, 1159–116.

6. Anhang

6.1. Vektorkarten

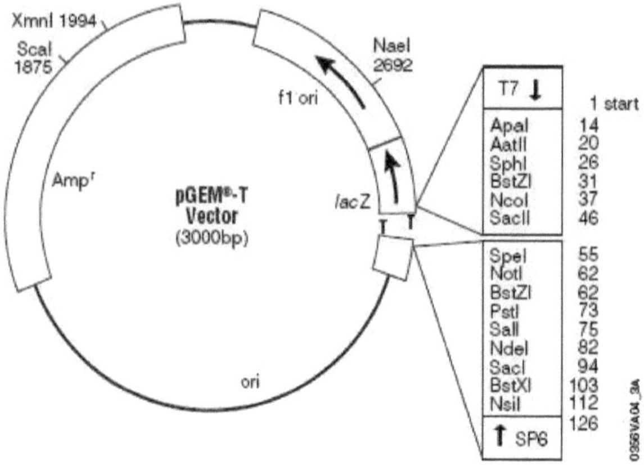

Abbildung 14: pGEM®-T Vektorkarte

6.2. Sequenzen

6.2.1. Fragment 1

- PCR-Amplifizierung mit dem Primer-Paar fMethDH6/rMetDH4
- Hybridisierungstemperatur: 57 °C

6.2.1.1.Fragment 1/9.

5'→3'

```
NNTGCTCCCGGCCGCCNGGCCGCGGGANTMGCTTGCCTTGCCGACGATGGGCGAGATCGTGC
AGTGATAAGTCATCGCGTCATCCTCGGCGCCGAAGCACCAGATGATGTCGTTGGCGAATTCCGGACGGTAGACGG
GAAGCTCGCCTTCAGTGTTGAGGCACGGGCAGGTGAGCGCGACGTTCTTGCCGCAGCAGTCGCGATAGGCGATCA
GGTAGCAATCACTAGTGCGGCCGCCTGCAGGTCGACCATATGGGAGAGCTCCCAACGCGTTGGATGCATAGCTTG
AGTATTCTATAGTGTCACCTAAATAGCTTGGCGTAATCATGGTCATAGCTGTTTCCTGTGTGAAATTGTTATCCG
CTCACAATTCCACACAACATACGAGCCGGAAGCATAAAGTGTAAAGCCTGGGGTGCCTAATGAGTGAGCTAACTC
ACATTAATTGCGTTGCGCTCACTGCCCGCTTTCCAGTCGGGAAACCTGTCGTGCCAGCTGCATTAATGAATCGGC
CAACGCGCGGGGAGAGGCGGTTTGCGTATTGGGCGCTCTTCCGCTTCCTCGCTCACTGACTCGCTGCGCTCGGTC
GTTCGGCTGCGGCGAGCGGTATCAGCTCACTCAAAGGCGGTAATACGGTTATCCACAGAATCAGGGGATAACGCA
GGAAAGAACATGTGAGCAAAAGGCCAGCAAAAGGCCAGGAACCGTAAAAAGGCCGCGTTGCTGGCGTTTTTCCAT
AGGCTCCGCCCCCCTGACGAGCATCACAAAAATCGACGCTCAAGTCAGAGGTGGCGAAACCCGACAGGACTATAA
AGATACCAGGCGTTTCCCCCTGGAAGCTCCCTCGTGCGCTCTCCTGTTCCGACCCTGCCGCTTACCGGATACCTG
TCCGCCTTTCTCCCTTCGGGAAGCGTNG
```

6.2.1.2.Fragment 1/10.

5'→3'

GCTCCCGGCCGCCNGGCCGCGGGANTTMGCTTGCCTTGCCGACGATGGGCGAGATCGTGCAGTGATAAGTCATCG
CGTCATCCTCGGCGCCGAAGCACCAGATGATGTCGTTGGCGAATTCCGGACGGTAGACGGGAAGCTCGCCTTCAG
TGTTGAGGCACGGGCAGGTGAGCGCGACGTTCTTGCCGCAGCAGTCGCGATAGGCGATCAGGTAGCTTTGATCAC
TAGTGCGGCCGCCTGCAGGTCGACCATATGGGAGAGCTCCCAACGCGTTGGATGCATAGCTTGAGTATTCTATAG
TGTCACCTAAATAGCTTGGCGTAATCATGGTCATAGCTGTTTCCTGTGTGAAATTGTTATCCGCTCACAATTCCA
CACAACATACGAGCCGGAAGCATAAAGTGTAAAGCCTGGGGTGCCTAATGAGTGAGCTAACTCACATTAATTGCG
TTGCGCTCACTGCCCGCTTTCCAGTCGGGAAACCTGTCGTGCCAGCTGCATTAATGAATCGGCCAACGCGCGGGG
AGAGGCGGTTTGCGTATTGGGCGCTCTTCCGCTTCCTCGCTCACTGACTCGCTGCGCTCGGTCGTTCGGCTGCGG
CGAGCGGTATCAGCTCACTCAAAGGCGGTAATACGGTTATCCACAGAATCAGGGGATAACGCAGGAAAGAACATG
TGAGCAAAAGGCCAGCAAAAGGCCAGGAACCGTAAAAAGGCCGCGTTGCTGGCGTTTTTCCATAGGCTCCGCCCC
CCTGACGAGCATCACAAAAATCGACGCTCAAGTCAGAGGTGGCGAAACCCGACAGGACTATAAAGATACCAGGCG
TTTCCCCCTGGAAGCTCCCTCGTGCGCTCTCCTGTTCCGACCCTGCCGCTTACCGGATACCTG

6.2.1.3.Fragment 1/11.

5'→3'

TCNNATGCTCCCGGCCGCNTGGCCGCGGGNTNGCTTGCCTTGCCGACGATGGGCGAGATCGTGCAGTGATAAGTC
ATCGCGTCATCCTCGGCGCCGAAGCACCAGATGATGTCGTTGGCGAATTCCGGACGGTAGACGGGAAGCTCGCCT
TCAGTGTTGAGGCACGGGCAGGTGAGCGCGACGTTCTTGCCGCAGCAGTCGCGATAGGCGATCAGGTAGCTTTGA
ATCACTAGTGCGGCCGCCTGCAGGTCGACCATATGGGAGAGCTCCCAACGCGTTGGATGCATAGCTTGAGTATTC
TATAGTGTCACCTAAATAGCTTGGCGTAATCATGGTCATAGCTGTTTCCTGTGTGAAATTGTTATCCGCTCACAA
TTCCACACAACATACGAGCCGGAAGCATAAAGTGTAAAGCCTGGGGTGCCTAATGAGTGAGCTAACTCACATTAA
TTGCGTTGCGCTCACTGCCCGCTTTCCAGTCGGGAAACCTGTCGTGCCAGCTGCATTAATGAATCGGCCAACGCG
CGGGGAGAGGCGGTTTGCGTATTGGGCGCTCTTCCGCTTCCTCGCTCACTGACTCGCTGCGCTCGGTCGTTCGGC
TGCGGCGAGCGGTATCAGCTCACTCAAAGGCGGTAATACGGTTATCCACAGAATCAGGGGATAACGCAGGAAAGA
ACATGTGAGCAAAAGGCCAGCAAAAGGCCAGGAACCGTAAAAAGGCCGCGTTGCTGGCGTTTTTCCATAGGCTCC
GCCCCCCTGACGAGCATCACAAAAATCGACGCTCAAGTCAGAGGTGGCGAAACCCGACAGGACTATAAAGATACC
AGGCGTTTCCCCCTGGAAGCTCCCTCGTGCGCTCTCCTGTTCCGACCCTGCCGCTTACCGGATACC

6.2.1.4.Fragment 1/12.

5'→3'

TCGCATGCTCCCGGCCGCNTGGCCGCGGGATTMGCTTGCCTTGCCGACGATGGGCGAGATCGTGCAGTGATAAGT
CATCGCGTCATCCTCGGCGCCGAAGCACCAGATGATGTCGTTGGCGAATTCCGGACGGTAGACGGGAAGCTCGCC
TTCAGTGTTGAGGCACGGGCAGGTGAGCGCGACGTTCTTGCCGCAGCAGTCGCGATAGGCGATCAGGTAGCTTTG
AATCACTAGTGCGGCCGCCTGCAGGTCGACCATATGGGAGAGCTCCCAACGCGTTGGATGCATAGCTTGAGTATT
CTATAGTGTCACCTAAATAGCTTGGCGTAATCATGGTCATAGCTGTTTCCTGTGTGAAATTGTTATCCGCTCACA
ATTCCACACAACATACGAGCCGGAAGCATAAAGTGTAAAGCCTGGGGTGCCTAATGAGTGAGCTAACTCACATTA
ATTGCGTTGCGCTCACTGCCCGCTTTCCAGTCGGGAAACCTGTCGTGCCAGCTGCATTAATGAATCGGCCAACGC
GCGGGGAGAGGCGGTTTGCGTATTGGGCGCTCTTCCGCTTCCTCGCTCACTGACTCGCTGCGCTCGGTCGTTCGG
CTGCGGCGAGCGGTATCAGCTCACTCAAAGGCGGTAATACGGTTATCCACAGAATCAGGGGATAACGCAGGAAAG
AACATGTGAGCAAAAGGCCAGCAAAAGGCCAGGAACCGTAAAAAGGCCGCGTTGCTGGCGTTTTTCCATAGGCTC
CGCCCCCCTGACGAGCATCACAAAAATCGACGCTCAAGTCAGAGGTGGCGAAACCCGACAGGACTATAAAGATAC
CAGGCGTTTCCCCCTGGAAGCTCCCTCGTGCGCTCTCCTGTTCCGACCCTGCCGCTTACCGGATACCTGTCC

6.2.2. Fragment 2

- PCR-Amplifizierung mit dem Primer-Paar fMethDH4/rMetDH4

- Hybridisierungstemperatur: 52 °C

6.2.2.1. Fragment 2/13.

5'→3'

TCNCATGCTCCCGGCCGCNTGGCCGCGGGATTATGCTGGGGAATTTNGATTTGACGAGTGCGGATAGTTTTAGTT
CGCAACCAGATGGTGCCATCGCAGATAAACATAGGGTTTTTGCCATCCTCAACGGCGTAAAAAGCCCCCTTCGGT
TAACCGGCCCCTCACTTCCGCTGGGCGAACATGTCGCAGTCTACAGCAGGGGAACCGGCGCGATGGAAAACCTTA
TCTCAACCGCTGGCTCGGTTCGCCCCCAGGCAACCTGCGGCCCTGAGCGCCCCAATGCAGAGACGGTCGTCAATC
TGGCGACCGCCGTTTTCAACTCGACCCAGGAAGCCATCGTCGTCACGGACACGAGCGGCATCGTCGTCGCCGTCA
ATCCTGCGTTCACCTCCATCACCGGCTATGCCGCTCTCGAGATCGTCGGCAAGGCAAGCTGAAATCACTAGTGCG

GCCGCCTGCAGGTCGACCATATGGGAGAGCTCCCAACGCGTTGGATGCATAGCTTGAGTATTCTATAGTGTCACC
TAAATAGCTTGGCGTAATCATGGTCATAGCTGTTTCCTGTGTGAAATTGTTATCCGCTCACAATTCCACACAACA
TACGAGCCGGAAGCATAAAGTGTAAAGCCTGGGGTGCCTAATGAGTGAGCTAACTCACATTAATTGCGTTGCGCT
CACTGCCCGCTTTCCAGTCGGGAAACCTGTCGTGCCAGCTGCATTAATGAATCGGCCAACGCGCGGGGAGAGGCG
GTTTGCGTATTGGGCGCTCTTCCGCTTCCTCGCTCACTGACTCGCTGCGCTCGGTCGTTCGGCTGCGGCGAGCGG
TATCAGCTCACTCAAAGGCGGTAATACGGTTATCCACAGAATCNNGGGATAACGCAGGAAAGAACATGTGAGCAA
AAGGCCAGCAAAAGGCCAGGAACCGTAAAAAGGCCGCGTTGCTGG

6.2.2.2. Fragment 2/14.

5'→3'

NGTNNCATGCTCCCGGCCGCNTGGCCGCGGGNTATGCTGGGGAATTTNGATTTGACGAGTGCGGATAGTTTTAGT
TCGCAACCAGATGGTGCCATCGCAGATAAACATAGGGTTTTTGCCATCCTCAACGGCGTAAAAAGCCCCCTTCGG
TTAACCGGCCCCTCACTTCCGCTGGGCGAACATGTCGCAGTCTACAGCAGGGGAACCGGCGCGATGGAAAACCTT
ATCTCAACCGCTGGCTCGGTTCGCCCCCAGGCAACCTGCGGCCCTGAGCGCCCCAATGCAGAGACGGTCGTCAAT
CTGGCGACCGCCGTTTTCAACTCGACCCAGGAAGCCATCGTCGTCACGGACACGAGCGGCATCGTCGTCGCCGTC
AATCCTGCGTTCACCTCCATCACCGGCTATGCCGCTCTCGAGATCGTCGGCAAGGCAAGCTGAAATCACTAGTGC
GGCCGCCTGCAGGTCGACCATATGGGAGAGCTCCCAACGCGTTGGATGCATAGCTTGAGTATTCTATAGTGTCAC
CTAAATAGCTTGGCGTAATCATGGTCATAGCTGTTTCCTGTGTGAAATTGTTATCCGCTCACAATTCCACACAAC
ATACGAGCCGGAAGCATAAAGTGTAAAGCCTGGGGTGCCTAATGAGTGAGCTAACTCACATTAATTGCGTTGCGC
TCACTGCCCGCTTTCCAGTCGGGAAACCTGTCGTGCCAGCTGCATTAATGAATCGGCCAACGCGCGGGGAGAGGC
GGTTTGCGTATTGGGCGCTCTTCCGCTTCCTCGCTCACTGACTCGCTGCGCTCGGTCGTTCGGCTGCGGCGAGCG
GTATCAGCTCACTCAAAGGCGGTAATACGGTTATCCACAGAATCNNGGGATAACGCAGGAAAGAACATGTGAGCA
AAAGGCCAGCAAAAGGCCAGGAACCGTAAAAAGGCCGCGTTGCTGGCGTTTTT

6.2.2.3. Fragment 2/15.

5'→3'

TCNCATGCTCCCGGCCGCNTGGCCGCGGGATTGCGCATGCTGCAGCGCGTCAGCCGCGCCAATGCCACCAGCCTC
GCCGTGAAGATGGCCTGCGCCTCCGACTACTACGCCCACTGCAGCCAGCACGATCCGGACAGCTCCGGCGTCCGC
CAGTGCATGCGCGCCGTCGGCAAGAACCTCTCCTCGCGTTGCATCAACGCGCTCATCGCCGCCGGCGAGGTTTCC
AAGTCGGTCGTCGAAAAGAAGGTCGCCTCCAAGTAAACGTGGCCGCTTTCACAAAAATCAGTGTCTTTCCCGATC
GCACGATCGGATGAGAAAAGGCCGGGGCGTCTCTCCACGCTCCGGCCTTTCCTAATTCGGCTCGATGATGAGGTG
CGCGGCCCAATCAGCCGCCGGGGCCGCCTTCGTCGACCGAGGGGCAGAGGGCGGCGTGCATGTGGTGGGGGGCGT
GGTGGCCATCGCGATGGGACGTGCCGTTGTGCCAGGCGGCGTCGCCAGCTTCGGCCTCGACCACCGAGACCAGCT
CGCCGGGATAGACGTTCTTCAACTGGTCGACATCATCTGGTGCTTCGGCCTGCAGCATGCGCAATCACTAGTGCG
GCCGCCTGCAGGTCGACCATATGGGAGAGCTCCCAACGCGTTGGATGCATAGCTTGAGTATTCTATAGTGTCACC
TAAATAGCTTGGCGTAATCATGGTCATAGCTGTTTCCTGTGTGAAATTGTTATCCGCTCACAATTCCACACAACA
TACGAGCCGGAANCATAAAGTGTAAAGCCTGGGGTGCCTAATGAGTGAGCTAACTCACATTAAATTGCGTTGCGC
TNACTGCCCGCTTTCCANTCGGGAAACCTGTCGTGCCANCTGCA

6.2.2.4. Fragment 2/16.

5'→3'

NGTCNCATGCTCCCGGCCGCNTGGCCGCGGGATTATGCTGGGGAATTTNGATTTGACGAGTGCGGATAGTTTTAG
TTCGCAACCAGATGGTGCCATCGCAGATAAACATAGGGTTTTTGCCATCCTCAACGGCGTAAAAAGCCCCCTTCG
GTTAACCGGCCCCTCACTTCCGCTGGGCGAACATGTCGCAGTCTACAGCAGGGGAACCGGCGCGATGGAAAACCT
TATCTCAACCGCTGGCTCGGTTCGCCCCCAGGCAACCTGCGGCCCTGAGCGCCCCAATGCAGAGACGGTCGTCAA
TCTGGCGACCGCCGTTTTCAACTCGACCCAGGAAGCCATCGTCGTCACGGACACGAGCGGCATCGTCGTCGCCGT
CAATCCTGCGTTCACCTCCATCACCGGCTATGCCGCTCTCGAGATCGTCGGCAAGGCAAGCTGAATCACTAGTGC
GGCCGCCTGCAGGTCGACCATATGGGAGAGCTCCCAACGCGTTGGATGCATAGCTTGAGTATTCTATAGTGTCAC
CTAAATAGCTTGGCGTAATCATGGTCATAGCTGTTTCCTGTGTGAAATTGTTATCCGCTCACAATTCCACACAAC
ATACGAGCCGGAAGCATAAAGTGTAAAGCCTGGGGTGCCTAATGAGTGAGCTAACTCACATTAATTGCGTTGCGC
TCACTGCCCGCTTTCCAGTCGGGAAACCTGTCGTGCCAGCTGCATTAATGAATCGGCCAACGCGCGGGGAGAGGC
GGTTTGCGTATTGGGCGCTCTTCCGCTTCCTCGCTCACTGACTCGCTGCGCTCGGTCGTTCGGCTGCGGCGAGCG
GTATCAGCTCACTCAAAGGCGGTAATACGGTTATCCACAGAATCNNGGGATAACGCAGGAAAGAACATGTGAGCA
AAAGGCNAGCAAAAGGCCNGGAACCGTAAAAAGGCCGCGTTG

6.2.3. Fragment 3

- PCR-Amplifizierung mit dem Primer-Paar fMethDH3/rMetDH2
- Hybridisierungstemperatur: 54 °C

5'→3'

```
NNTCNCATGCTCCCGGCCGCNTGGCCGCGGGNTATGCTGGGAATTTNGATTTGACGAGTGCGGATAGTTTTAGT
TCGCAACCNGATGGTGCCATCGCAGATAAACATAGGGTTTTTGCCATCCTCAACGGCGTAAAAAGCCCCCTTCGG
TTAACCGGCCCCTCACTTCCGCTGGGCGAACATGTCGCAGTCTACAGCAGGGGAACCGGCGCGATGGAAAACCTT
ATCTCAACCGCTGGCTCGGTTCGCCCCCAGGCAACCTGCGGCCCTGAGCGCCCCAATGCAGAGACGGTCGTCAAT
CTGGCGACCGCCGTTTTCAACTCGACCCAGGAAGCCATCGTCGTCACGGACACGAGCGGCATCGTCGTCGCCGTC
AATCCTGCGTTCACCTCCATCACCGGCTATGCCGCTCTCGAGATCGTCGNCAAGGCAAGCTGAAATCACTAGTGC
GGCCGCCTGCAGGTCGACCATATGGGAGAGCTCCCAACGCGTTGGATGCATAGCTTGAGTATTCTATAGTGTCAC
CTAAATAGCTTGGCGTAATCATGGTCATAGCTGTTTCCTGTGTGAAATTGTTATCCGCTCACAATTCCACACAAC
ATACGAGCCGGAAGCATAAAGTGTAAAGCCTGGGGTGCCTAATGAGTGAGCTAACTCACATTAATTGCGTTGCGC
TCACTGCCCGCTTTCCAGTCGGGAAACCTGTCGTGCCAGCTGCATTAATGAATCGGCCAACGCGCGGGGAGAGGC
GGTTTGCGTATTGGGCGCTCTTCCGCTTCCTCGCTCACTGACTCGCTGCGCTCNGTCGTTCGGCTGCGGCGAGCG
GTATN
```

6.2.4. Methylamin-Dehydrogenasen M58001

5'→3'

```
ggcgtgatcc gcgccaaggg cctgaccaac acccgcgaac acctggaaag cctgctggag
gcggacaaga ccggcttcgc ctcgctccag cagttcatgg ccagccgcaa gaagaacgcg
gcctgacccg gccgtttcca ccttggtccc aagcagaggg aggataaacg atgctgggga
atttcagatt tgacgacatg gtcgagaaac tgtcccgccg ggtggcgggc cgcaccagcc
gccgcggcgc catcggccgc ctgggcacgg tgctggcggg ggcggcgctg gtgccgctgc
tgccggtgga tcggcgcggc cgcgtcagcc gcgccaatgc cgccggcccc gcggaaggcg
tcgatccgcg cgccaagtgg cagccgcagg acaacgacat ccaggcctgc gactactggc
ggcactgttc catcgacggc aacatctgcg actgctcggg cgggtcgctg accaactgcc
cgccgggcac caagctggcg acggcgtcct gggtggcgag ctgctacaac ccgaccgacg
ggcaaagcta cctgatcgcc tatcgcgact gctgcggcta caacgtctcg ggccgctgcc
cctgcctgaa cacggaaggc gagctgccgg tctatcgccc ggaattcgcc aacgacatca
tctggtgctt cggcgccgag gatgacgcga tgacctatca ctgcacgatc tctcccatcg
tcggcaaggc aagctgacga tcccggccgg gcggtcggcc cgcccggtcc catcccttca
ggaggtttcc atgatttctg caaagacgct tcggccggcc atcgcggcca tcgccctttt
cgccatcggc gcgaccggag catgggcaca ggacaagatc accgtcacca gcgaaaagcc
ggtcgcggcc gccgatgtgc ccgccgatgc cgtcgtcgtc ggcatcgaga agatgaaata
cctgaccccg gaagtgacca tcaaggcggg cgagaccgtc tattgggtca acggcgaggt
gatgccccac aacgtcgcct tcaagaaggg catcgtgggc gaggacgcgt tccgcggcga
gatgatgacc aaggaccagg cctatgcgat caccttcaac gaggcgggaa gctatgacta
tttctgcacg ccccatccct tcatgcgggg caaggtcatc gtcgaatagg tgccgccatg
tggattccct atgacctgcg cgcctcgctg aagggcgaaa ccgaccggga aacgctgcgc
ctgtcgcggg ccgacggca gccgcgccag ttcctggtgg ggttcttcct gcgcaacccg
gtcacgcagg cctgggaact ggacctggcg gccgaggacg gcctgccgga actgcctgcc
gtgccggcgg gggcgagttt cagcatctgc ccgaacgagg ccggcaagct ggccgaggtg
atctatcgcc tgcccgcgcg ttcggccacc gaggcgctgg agcttgccca tgccgacctg
cag
```

6.2.5. Methylamin-Dehydrogenase M57963

5'→3'

```
atgcctgcag gtcgaggcgg acaagagcgg tttcgcctcc atccagcagt tcatgacgag
ccggaagcac agccacgacg ccaaagccgc ctaatcgccc ggtctccgga cggtacctgc
atcagcaccc gataaaactg acgaggaaac gatgctcgga aaatcccaat tcgacgatct
cttcgagaag atgtcccgca aggtggcggg gcataccagc cgccgcggct tcatcgggcg
cgtcggcacg gcggtggcgg gcgtcgcgct agtgccccctg ctgccggtcg atcgccgtgg
gcgcgtcagc cgcgccaatg ctgccgagag cgcgggcgat ccacgcggta agtggaagcc
gcaggacaac gacgtccagt cctgcgatta ctggcgtcac tgctccatcg acggcaacat
ctgcgactgc tccggcggct cgctcaccag ctgtccgcct ggcaccaagc tcgcctccag
ctcctgggtt gccagctgct acaacccaac tgacaagcag agctacctga tctcctaccg
cgattgctgc ggcgccaacg tgtccggccg ctgtgcctgc ctgaacaccg aaggtgagct
```

```
gccggtctac cgtccggagt tcggtaacga catcatctgg tgcttcggcg ccgaagacga
cgcgatgacc taccactgca cgatctcgcc gatcgtcggc aaggcgagct gatcaatctc
ctttgcggcg ttccgcacgc cgcatgttca tagccaagca tcagaaaagc ctggagtaaa
atcccatgcg tgctctcgcc ttcgcggctg cactcgccgc attctccgcc actgcggccc
ttgccgccgg cgcgctcgaa gctgttcagg aagcgcctgc cggcagcacc gaagttaaaa
tcgccaagat gaagttccag acgcccgagg ttcgcatcaa ggcgggctcg gcggtgactt
ggaccaacac cgaggcattg ccgcacaacg tgcacttcaa gtcggggccg ggcgtggaaa
aagacgtaga aggtccgatg ctgcgttcca accaaaccta ctcggtgaag ttcaacgcac
ccggaaccta cgactacatc tgcacgcctc atcccttcat gaagggcaag gtcgtcgtcg
agtaagtact tccgtcgcat gtccccgatc cgactacatc ggatcgggga ccgacagctt
ctatcgtgcc ggagctccga tcgcggtcca gtgcccctgc tcgccgagag ggctctacag
cagcgcccag gtgaacagat gtggatcc
```

6.2.6. Methylamin-Dehydrogenase M90098

5'→3'

```
ctcgaggccg ataggaccgg cttcgcctcg ttgcagcaat acatggccag ccggaagaaa
caggcggcct gaccgccgcg gtgtgaaccc ccgaaagaca ggaaggagag ttccatgctg
gggaatttca gattcgacga catggtcgaa aagctgtcgc ggcgcgtggc tggccagacc
agccggcgca gcgtgatcgg caagctggga acggcgatgc tggggatcgg gctggtgccg
cttctgccgg tggaccggcg cgggcgcgtc agccgcgcga acgccgccga tgcgcccgcg
ggcaccgatc cgcgcgccaa atgggtgcct caggacaacg acatccaggc ctgcgactat
tggcggcact gctcgatcga cggcaatatc tgcgactgct cgggcggctc gctgaccaat
tgcccgccgg ggaccaagct ggcgacggca agctgggtgg ccagctgcta caacccgacc
gacggccaaa gctatctgat cgcctatcgc gactgctgcg gctacaacgt ctcgggccgc
tgcccctgcc tgaataccga gggcgagctg ccggtctatc gtcccgaatt cgccaacgac
atcatctggt gcttcggcgc cgaggacgat gccatgacct atcactgcac gatctcgccc
atcgtgggca aggcgagctg acggcggccg ggcgcgcatg c
```

6.2.7. Sequenzvergleiche

6.2.7.1. Vergleich der Aminosäuresequenzen von Fragment 1 mit M58001, M57963 und M90098

Alignment der Sequenzen aus der Sequenzierung von Fragment 1 und den bereits bekannten kleinen Untereinheiten Methylamin-Dehydrogenasen.

```
                                 (1)  1        10        20              36
kleine Untereinheit MetDH M58001 (1)  MLGNFRFDDMVEKLSRRVAGRTSRRGAIGRLGTVLA
kleine Untereinheit MetDH M57963 (1)  MLGKSQFDDLFEKMSRKVAGHTSRRGFIGRVGTAVA
kleine Untereinheit MetDH M90098 (1)  MLGNFRFDDMVEKLSRRVAGQTSRRSVIGKLGTAML
Ansatz A, Klon 1                 (1)  ------------------------------------
Ansatz A, Klon 2                 (1)  ------------------------------------
Ansatz A, Klon 3                 (1)  ------------------------------------
Ansatz A, Klon 4                 (1)  ------------------------------------
Konsensus                        (1)
                                 (37) 37           50        60          72
kleine Untereinheit MetDH M58001 (37) GAALVPLLPVDRRGRVSRANAAGPAEGVDPRAKWQP
kleine Untereinheit MetDH M57963 (37) GVALVPLLPVDRRGRVSRANAAESAG--DPRGKWKP
kleine Untereinheit MetDH M90098 (37) GIGLVPLLPVDRRGRVSRANAADAPAGTDPRAKWVP
Ansatz A, Klon 1                 (1)  ------------------------------------
Ansatz A, Klon 2                 (1)  ------------------------------------
Ansatz A, Klon 3                 (1)  ------------------------------------
Ansatz A, Klon 4                 (1)  ------------------------------------
Konsensus                        (37)
                                 (73) 73     80        90                108
kleine Untereinheit MetDH M58001 (73) QDNDIQACDYWRHCSIDGNICDCSGGSLTNCPPGTK
kleine Untereinheit MetDH M57963 (71) QDNDVQSCDYWRHCSIDGNICDCSGGSLTSCPPGTK
kleine Untereinheit MetDH M90098 (73) QDNDIQACDYWRHCSIDGNICDCSGGSLTNCPPGTK
Ansatz A, Klon 1                 (1)  ------------------------------------
Ansatz A, Klon 2                 (1)  ------------------------------------
Ansatz A, Klon 3                 (1)  ------------------------------------
Ansatz A, Klon 4                 (1)  ------------------------------------
Konsensus                        (73)
```

```
                                   (109) 109        ,120        ,130          144
kleine Untereinheit MetDH M58001   (109) LATASWVASCYNPTDGQSYLIAYRDCCGYNV[illegible]GRCP
kleine Untereinheit MetDH M57963   (107) LASSSWVASCYNPTDKQSYLI[illegible]YRDCCGANV[illegible]GRCA
kleine Untereinheit MetDH M90098   (109) LATASWVASCYNPTDGQSYLIAYRDCCGYNV[illegible]GRCP
Ansatz A, Klon 1                     (1) ----------------DCYLIAYRDCCGKNVALTCP
Ansatz A, Klon 2                     (1) ----------------QSYLIAYRDCCGKNVALTCP
Ansatz A, Klon 3                     (1) ----------------QSYLIAYRDCCGKNVALTCP
Ansatz A, Klon 4                     (1) ----------------QSYLIAYRDCCGKNVALTCP
Konsensus                          (109)                 QSYLIAYRDCCGKNVALTCP

                                   (145) 145 ,150      ,160      ,170       180
kleine Untereinheit MetDH M58001   (145) CLNTEGELPVYRPEFANDIIWCFGAEDDAMTYHCTI
kleine Untereinheit MetDH M57963   (143) CLNTEGELPVYRPEF[illegible]NDIIWCFGAEDDAMTYHCTI
kleine Untereinheit MetDH M90098   (145) CLNTEGELPVYRPEFANDIIWCFGAEDDAMTYHCTI
Ansatz A, Klon 1                    (21) CLNTEGELPVYRPEFANDIIWCFGAEDDAMTYHCTI
Ansatz A, Klon 2                    (21) CLNTEGELPVYRPEFANDIIWCFGAEDDAMTYHCTI
Ansatz A, Klon 3                    (21) CLNTEGELPVYRPEFANDIIWCFGAEDDAMTYHCTI
Ansatz A, Klon 4                    (21) CLNTEGELPVYRPEFANDIIWCFGAEDDAMTYHCTI
Konsensus                          (145) CLNTEGELPVYRPEFANDIIWCFGAEDDAMTYHCTI

                                   (181) 181               199
kleine Untereinheit MetDH M58001   (181) SPIVGKAS-----------
kleine Untereinheit MetDH M57963   (179) SPIVGKAS-----------
kleine Untereinheit MetDH M90098   (181) SPIVGKAS-----------
Ansatz A, Klon 1                    (57) SPIVGKASXSRGXAAGS--
Ansatz A, Klon 2                    (57) SPIVGKASXXPRPGGRE--
Ansatz A, Klon 3                    (57) SPIVGKASXPAAXRPGA--
Ansatz A, Klon 4                    (57) SPIVGKASXSRGXAAGSMR
Konsensus                          (181) SPIVGKASX
```

6.2.7.2. Vergleich Nukleotidsequenzen der Fragmente 1/9., 1/10. 1/11. und 1/12.

Fragment 1/9. und Fragment 1/10.

5'→3'

```
1      TGCTCCCGGCCGCCNGGCCGCGGGANTMGCTTGCCTTGCCGACGATGGGCGAGATCGTGC
       ||||||||||||| |||||||||| |||||||||||||||||||||||||||||||||||
       TGCTCCCGGCCGCNTGGCCGCGGGATTMGCTTGCCTTGCCGACGATGGGCGAGATCGTGC

61     AGTGATAAGTCATCGCGTCATCCTCGGCGCCGAAGCACCAGATGATGTCGTTGGCGAATT
       ||||||||||||||||||||||||||||||||||||||||||||||||||||||||||||
       AGTGATAAGTCATCGCGTCATCCTCGGCGCCGAAGCACCAGATGATGTCGTTGGCGAATT

121    CCGGACGGTAGACGGGAAGCTCGCCTTCAGTGTTGAGGCACGGGCAGGTGAGCGCGACGT
       ||||||||||||||||||||||||||||||||||||||||||||||||||||||||||||
       CCGGACGGTAGACGGGAAGCTCGCCTTCAGTGTTGAGGCACGGGCAGGTGAGCGCGACGT

181    TCTTGCCGCAGCAGTCGCGATAGGCGATCAGGTAGC----AATCACTAGTGCGGCCGCCT
       ||||||||||||||||||||||||||||||||||||    ||||||||||||||||||||
       TCTTGCCGCAGCAGTCGCGATAGGCGATCAGGTAGCTTTGAATCACTAGTGCGGCCGCCT

242    GCAGGTCGACCATATGGGAGAGCTCCCAACGCGTTGGATGCATAGCTTGAGTATTCTATA
       ||||||||||||||||||||||||||||||||||||||||||||||||||||||||||||
       GCAGGTCGACCATATGGGAGAGCTCCCAACGCGTTGGATGCATAGCTTGAGTATTCTATA

302    GTGTCACCTAAATAGCTTGGCGTAATCATGGTCATAGCTGTTTCCTGTGTGAAATTGTTA
       ||||||||||||||||||||||||||||||||||||||||||||||||||||||||||||
       GTGTCACCTAAATAGCTTGGCGTAATCATGGTCATAGCTGTTTCCTGTGTGAAATTGTTA
```

```
362    TCCGCTCACAATTCCACACAACATACGAGCCGGAAGCATAAAGTGTAAAGCCTGGGGTGC
       ||||||||||||||||||||||||||||||||||||||||||||||||||||||||||||
       TCCGCTCACAATTCCACACAACATACGAGCCGGAAGCATAAAGTGTAAAGCCTGGGGTGC

422    CTAATGAGTGAGCTAACTCACATTAATTGCGTTGCGCTCACTGCCCGCTTTCCAGTCGGG
       ||||||||||||||||||||||||||||||||||||||||||||||||||||||||||||
       CTAATGAGTGAGCTAACTCACATTAATTGCGTTGCGCTCACTGCCCGCTTTCCAGTCGGG

482    AAACCTGTCGTGCCAGCTGCATTAATGAATCGGCCAACGCGCGGGGAGAGGCGGTTTGCG
       ||||||||||||||||||||||||||||||||||||||||||||||||||||||||||||
       AAACCTGTCGTGCCAGCTGCATTAATGAATCGGCCAACGCGCGGGGAGAGGCGGTTTGCG

542    TATTGGGCGCTCTTCCGCTTCCTCGCTCACTGACTCGCTGCGCTCGGTCGTTCGGCTGCG
       ||||||||||||||||||||||||||||||||||||||||||||||||||||||||||||
       TATTGGGCGCTCTTCCGCTTCCTCGCTCACTGACTCGCTGCGCTCGGTCGTTCGGCTGCG

602    GCGAGCGGTATCAGCTCACTCAAAGGCGGTAATACGGTTATCCACAGAATCAGGGGATAA
       ||||||||||||||||||||||||||||||||||||||||||||||||||||||||||||
       GCGAGCGGTATCAGCTCACTCAAAGGCGGTAATACGGTTATCCACAGAATCAGGGGATAA

662    CGCAGGAAAGAACATGTGAGCAAAAGGCCAGCAAAAGGCCAGGAACCGTAAAAAGGCCGC
       ||||||||||||||||||||||||||||||||||||||||||||||||||||||||||||
       CGCAGGAAAGAACATGTGAGCAAAAGGCCAGCAAAAGGCCAGGAACCGTAAAAAGGCCGC

722    GTTGCTGGCGTTTTTCCATAGGCTCCGCCCCCCTGACGAGCATCACAAAAATCGACGCTC
       ||||||||||||||||||||||||||||||||||||||||||||||||||||||||||||
       GTTGCTGGCGTTTTTCCATAGGCTCCGCCCCCCTGACGAGCATCACAAAAATCGACGCTC

782    AAGTCAGAGGTGGCGAAACCCGACAGGACTATAAAGATACCAGGCGTTTCCCCCTGGAAG
       ||||||||||||||||||||||||||||||||||||||||||||||||||||||||||||
       AAGTCAGAGGTGGCGAAACCCGACAGGACTATAAAGATACCAGGCGTTTCCCCCTGGAAG

842    CTCCCTCGTGCGCTCTCCTGTTCCGACCCTGCCGCTTACCGGATACCTGTCC
       ||||||||||||||||||||||||||||||||||||||||||||||||||||
       CTCCCTCGTGCGCTCTCCTGTTCCGACCCTGCCGCTTACCGGATACCTGTCC
```

Fragment 1/9. und Fragment 1/11.

5'→3'

```
1      GCTCCCGGCCGCCNGGCCGCGGGA-NTMGCTTGCCTTGCCGACGATGGGCGAGATCGTGC
       ||||||||||||||||||||||||   |||||||||||||||||||||||||||||||||
       GCTCCCGGCCGCCNGGCCGCGGGANTTMGCTTGCCTTGCCGACGATGGGCGAGATCGTGC

61     AGTGATAAGTCATCGCGTCATCCTCGGCGCCGAAGCACCAGATGATGTCGTTGGCGAATT
       ||||||||||||||||||||||||||||||||||||||||||||||||||||||||||||
       AGTGATAAGTCATCGCGTCATCCTCGGCGCCGAAGCACCAGATGATGTCGTTGGCGAATT

121    CCGGACGGTAGACGGGAAGCTCGCCTTCAGTGTTGAGGCACGGGCAGGTGAGCGCGACGT
       ||||||||||||||||||||||||||||||||||||||||||||||||||||||||||||
       CCGGACGGTAGACGGGAAGCTCGCCTTCAGTGTTGAGGCACGGGCAGGTGAGCGCGACGT

181    TCTTGCCGCAGCAGTCGCGATAGGCGATCAGGTAGC---AATCACTAGTGCGGCCGCCTG
       ||||||||||||||||||||||||||||||||||||    ||||||||||||||||||||
       TCTTGCCGCAGCAGTCGCGATAGGCGATCAGGTAGCTTTGATCACTAGTGCGGCCGCCTG

241    CAGGTCGACCATATGGGAGAGCTCCCAACGCGTTGGATGCATAGCTTGAGTATTCTATAG
       ||||||||||||||||||||||||||||||||||||||||||||||||||||||||||||
       CAGGTCGACCATATGGGAGAGCTCCCAACGCGTTGGATGCATAGCTTGAGTATTCTATAG
```

```
301     TCACCTAAATAGCTTGGCGTAATCATGGTCATAGCTGTTTCCTGTGTGAAATTGTTAT
        ||||||||||||||||||||||||||||||||||||||||||||||||||||||||||||
        TGTCACCTAAATAGCTTGGCGTAATCATGGTCATAGCTGTTTCCTGTGTGAAATTGTTAT

361     CCGCTCACAATTCCACACAACATACGAGCCGGAAGCATAAAGTGTAAAGCCTGGGGTGCC
        ||||||||||||||||||||||||||||||||||||||||||||||||||||||||||||
        CCGCTCACAATTCCACACAACATACGAGCCGGAAGCATAAAGTGTAAAGCCTGGGGTGCC

421     TAATGAGTGAGCTAACTCACATTAATTGCGTTGCGCTCACTGCCCGCTTTCCAGTCGGGA
        ||||||||||||||||||||||||||||||||||||||||||||||||||||||||||||
        TAATGAGTGAGCTAACTCACATTAATTGCGTTGCGCTCACTGCCCGCTTTCCAGTCGGGA

481     AACCTGTCGTGCCAGCTGCATTAATGAATCGGCCAACGCGCGGGGAGAGGCGGTTTGCGT
        ||||||||||||||||||||||||||||||||||||||||||||||||||||||||||||
        AACCTGTCGTGCCAGCTGCATTAATGAATCGGCCAACGCGCGGGGAGAGGCGGTTTGCGT

541     ATTGGGCGCTCTTCCGCTTCCTCGCTCACTGACTCGCTGCGCTCGGTCGTTCGGCTGCGG
        ||||||||||||||||||||||||||||||||||||||||||||||||||||||||||||
        ATTGGGCGCTCTTCCGCTTCCTCGCTCACTGACTCGCTGCGCTCGGTCGTTCGGCTGCGG

601     CGAGCGGTATCAGCTCACTCAAAGGCGGTAATACGGTTATCCACAGAATCAGGGGATAAC
        ||||||||||||||||||||||||||||||||||||||||||||||||||||||||||||
        CGAGCGGTATCAGCTCACTCAAAGGCGGTAATACGGTTATCCACAGAATCAGGGGATAAC

661     GCAGGAAAGAACATGTGAGCAAAAGGCCAGCAAAAGGCCAGGAACCGTAAAAAGGCCGCG
        ||||||||||||||||||||||||||||||||||||||||||||||||||||||||||||
        GCAGGAAAGAACATGTGAGCAAAAGGCCAGCAAAAGGCCAGGAACCGTAAAAAGGCCGCG

721     TTGCTGGCGTTTTTCCATAGGCTCCGCCCCCCTGACGAGCATCACAAAAATCGACGCTCA
        ||||||||||||||||||||||||||||||||||||||||||||||||||||||||||||
        TTGCTGGCGTTTTTCCATAGGCTCCGCCCCCCTGACGAGCATCACAAAAATCGACGCTCA

781     AGTCAGAGGTGGCGAAACCCGACAGGACTATAAAGATACCAGGCGTTTCCCCCTGGAAG
        |||||||||||||||||||||||||||||||||||||||||||||||||||||||||||
        AGTCAGAGGTGGCGAAACCCGACAGGACTATAAAGATACCAGGCGTTTCCCCCTGGAAG

841     TCCCTCGTGCGCTCTCCTGTTCCGACCCTGCCGCTTACCGGATACCTGTC
        ||||||||||||||||||||||||||||||||||||||||||||||||||
        TCCCTCGTGCGCTCTCCTGTTCCGACCCTGCCGCTTACCGGATACCTGTC
```

Fragent 1/9. und Fragment 1/12.

5'→3'

```
1       TGCTCCCGGCCGCCNGGCCGCGGGANTMGCTTGCCTTGCCGACGATGGGCGAGATCGTGC
        |||||||||||||  ||||||||| || ||||||||||||||||||||||||||||||||
        TGCTCCCGGCCGCNTGGCCGCGGG-NTNGCTTGCCTTGCCGACGATGGGCGAGATCGTGC

61      AGTGATAAGTCATCGCGTCATCCTCGGCGCCGAAGCACCAGATGATGTCGTTGGCGAATT
        ||||||||||||||||||||||||||||||||||||||||||||||||||||||||||||
        AGTGATAAGTCATCGCGTCATCCTCGGCGCCGAAGCACCAGATGATGTCGTTGGCGAATT

121     CCGGACGGTAGACGGGAAGCTCGCCTTCAGTGTTGAGGCACGGGCAGGTGAGCGCGACGT
        ||||||||||||||||||||||||||||||||||||||||||||||||||||||||||||
        CCGGACGGTAGACGGGAAGCTCGCCTTCAGTGTTGAGGCACGGGCAGGTGAGCGCGACGT
```

```
181   TCTTGCCGCAGCAGTCGCGATAGGCGATCAGGTAGC----AATCACTAGTGCGGCCGCCT
      ||||||||||||||||||||||||||||||||||||    ||||||||||||||||||||
      TCTTGCCGCAGCAGTCGCGATAGGCGATCAGGTAGCTTGAATCACTAGTGCGGCCGCCT

241   GCAGGTCGACCATATGGGAGAGCTCCCAACGCGTTGGATGCATAGCTTGAGTATTCTATA
      ||||||||||||||||||||||||||||||||||||||||||||||||||||||||||||
      GCAGGTCGACCATATGGGAGAGCTCCCAACGCGTTGGATGCATAGCTTGAGTATTCTATA

301   GTGTCACCTAAATAGCTTGGCGTAATCATGGTCATAGCTGTTTCCTGTGTGAAATTGTTA
      ||||||||||||||||||||||||||||||||||||||||||||||||||||||||||||
      GTGTCACCTAAATAGCTTGGCGTAATCATGGTCATAGCTGTTTCCTGTGTGAAATTGTTA

361   TCCGCTCACAATTCCACACAACATACGAGCCGGAAGCATAAAGTGTAAAGCCTGGGGTGC
      ||||||||||||||||||||||||||||||||||||||||||||||||||||||||||||
      TCCGCTCACAATTCCACACAACATACGAGCCGGAAGCATAAAGTGTAAAGCCTGGGGTGC

421   CTAATGAGTGAGCTAACTCACATTAATTGCGTTGCGCTCACTGCCCGCTTTCCAGTCGGG
      ||||||||||||||||||||||||||||||||||||||||||||||||||||||||||||
      CTAATGAGTGAGCTAACTCACATTAATTGCGTTGCGCTCACTGCCCGCTTTCCAGTCGGG

481   AAACCTGTCGTGCCAGCTGCATTAATGAATCGGCCAACGCGCGGGGAGAGGCGGTTTGCG
      ||||||||||||||||||||||||||||||||||||||||||||||||||||||||||||
      AAACCTGTCGTGCCAGCTGCATTAATGAATCGGCCAACGCGCGGGGAGAGGCGGTTTGCG

541   TATTGGGCGCTCTTCCGCTTCCTCGCTCACTGACTCGCTGCGCTCGGTCGTTCGGCTGCG
      ||||||||||||||||||||||||||||||||||||||||||||||||||||||||||||
      TATTGGGCGCTCTTCCGCTTCCTCGCTCACTGACTCGCTGCGCTCGGTCGTTCGGCTGCG

601   GCGAGCGGTATCAGCTCACTCAAAGGCGGTAATACGGTTATCCACAGAATCAGGGGATAA
      ||||||||||||||||||||||||||||||||||||||||||||||||||||||||||||
      GCGAGCGGTATCAGCTCACTCAAAGGCGGTAATACGGTTATCCACAGAATCAGGGGATAA

661   CGCAGGAAAGAACATGTGAGCAAAAGGCCAGCAAAAGGCCAGGAACCGTAAAAAGGCCGC
      ||||||||||||||||||||||||||||||||||||||||||||||||||||||||||||
      CGCAGGAAAGAACATGTGAGCAAAAGGCCAGCAAAAGGCCAGGAACCGTAAAAAGGCCGC

721   GTTGCTGGCGTTTTTCCATAGGCTCCGCCCCCCTGACGAGCATCACAAAAATCGACGCTC
      ||||||||||||||||||||||||||||||||||||||||||||||||||||||||||||
      GTTGCTGGCGTTTTTCCATAGGCTCCGCCCCCCTGACGAGCATCACAAAAATCGACGCTC

781   AAGTCAGAGGTGGCGAAACCCGACAGGACTATAAAGATACCAGGCGTTTCCCCCTGGAAG
      ||||||||||||||||||||||||||||||||||||||||||||||||||||||||||||
      AAGTCAGAGGTGGCGAAACCCGACAGGACTATAAAGATACCAGGCGTTTCCCCCTGGAAG

841   CTCCCTCGTGCGCTCTCCTGTTCCGACCCTGCCGCTTACCGGATACCT
      ||||||||||||||||||||||||||||||||||||||||||||||||
      CTCCCTCGTGCGCTCTCCTGTTCCGACCCTGCCGCTTACCGGATACCT
```